厨事轻松跟我做　美食绽放在舌尖

孕产妇营养餐

范海/编著

U0278138

中国人口出版社
China Population Publishing House
全国百佳出版单位

图书在版编目（CIP）数据

经典孕产妇营养餐 ／ 范海编著．－－ 北京 ：中国人口出版社，2015.1

ISBN 978-7-5101-3154-7

Ⅰ．①经… Ⅱ．①范… Ⅲ．①孕妇－妇幼保健－食谱 ②产妇－妇幼保健－食谱

Ⅳ．①TS972.164

中国版本图书馆CIP数据核字（2014）第311960号

经典孕产妇营养餐

范 海 编著

出版发行	中国人口出版社
印　　刷	北京瑞禾彩色印刷有限公司
开　　本	720毫米×1000毫米 1/16
印　　张	10
字　　数	150千
版　　次	2015年1月第1版
印　　次	2015年1月第1次印刷
书　　号	ISBN 978-7-5101-3154-7
定　　价	19.90元

社　　长	张晓林
网　　址	www.rkcbs.net
电子信箱	rkcbs@126.com
总编室电话	(010) 83519392
发行部电话	(010) 83534662
传　　真	(010) 83515992
地　　址	北京市西城区广安门南街80号中加大厦
邮政编码	100054

目录
CONTENTS

Part 1
孕早期营养美食

目　录

Part 2
孕中期营养美食

Part 3
孕晚期营养美食

目　录

Part 4
月子及哺乳期营养美食

目 录

Part 1

孕早期
营养美食

什锦沙拉

主料 土豆200克，胡萝卜、黄瓜、火腿各25克，鸡蛋1个（约60克）。

调料 沙拉酱、精盐、白糖、胡椒粉各适量。

做法

1. 胡萝卜洗净切丁；黄瓜洗净切丁，加精盐腌制10分钟；火腿切丁；鸡蛋煮熟，蛋白切丁，蛋黄压碎；土豆洗净，煮熟后捞出，压成泥。

2. 将土豆泥拌入胡萝卜丁、黄瓜丁及蛋白丁，加入沙拉酱、胡椒粉、白糖和精盐拌匀，撒上碎蛋黄即成。

做法支招 胡椒粉一定要少放，也可不放。

香油菠菜

主料 菠菜300克。

调料 精盐、香油各适量。

做法

1. 菠菜洗净，切段，放入沸水锅焯熟，捞出沥水。

2. 将菠菜段放入大碗中，加入香油、精盐，拌匀装盘即成。

营养小典 此餐滋阴润燥，补充叶酸。

主料 青萝卜、馒头各150克，鸡蛋1个（约60克）。

调料 葱姜末、精盐、味精、淀粉、食用油各适量。

做法

脆皮萝卜丸

1.青萝卜切细丝，馒头搓碎，加鸡蛋液、葱姜末、精盐、味精、淀粉调成馅料，再团成萝卜丸子。

2.锅中倒油烧热，放入萝卜丸子，小火炸至金黄色，捞出沥油，待锅内油温升至七成热，再放入萝卜丸子复炸至酥脆，捞出沥油即可。

此餐健脾益气，健胃消食。

营养小典

主料 莴苣300克。

调料 精盐、味精、食用油各适量。

做法

清炒莴苣丝

1.莴苣去掉皮和叶后洗净，切成细丝。

2.锅内倒油烧热，倒入莴苣丝，大火快炒片刻，加精盐、味精调味，炒匀即可。

莴苣不要炒得过久，否则会影响脆嫩的口感。

选购支招

素炒三鲜

主料 竹笋250克，雪菜100克，水发香菇50克。

调料 精盐、味精、食用油各适量。

做法

1. 竹笋切成丝，放入沸水锅里烫一烫，捞出沥水；水发香菇去蒂，洗净，切丝；雪菜洗净，切末。

2. 锅中倒油烧热，放入竹笋丝、香菇丝煸炒片刻，加适量水，大火煮开，转用小火焖煮3~5分钟，加入雪菜末，翻炒5分钟，加精盐、味精调味即可。

做法支招 水发香菇要在流动的水里清洗干净，以免残留泥沙。

黄花菜炒木耳

主料 干黄花菜50克，木耳25克。

调料 葱花、精盐、味精、水淀粉、素高汤、食用油各适量。

做法

1. 干黄花菜用温水泡发，洗净；木耳放入温水中泡发，去根蒂，洗净，撕成小朵。

2. 锅中倒油烧热，投入葱花煸香，放入木耳、黄花菜煸炒，加素高汤、精盐、味精煸炒至木耳、黄花菜熟透入味，用水淀粉勾芡即成。

营养小典 黄花菜含有丰富的蛋白质、维生素C、胡萝卜素、氨基酸等人体所必需的养分，其所含的胡萝卜素比番茄还多。

主料 芥蓝、鸡腿菇各150克。

调料 葱花、姜丝、精盐、味精、白糖、水淀粉、食用油各适量。

做法

1. 芥蓝洗净，切段，再对剖成两半，放入沸水中焯烫片刻，捞出冲凉，沥干水;将鸡腿菇择洗干净,切成片，放入沸水中焯烫片刻，捞出。

2. 炒锅点火，加油烧热，放入葱花、姜丝炒香，加入芥蓝段、鸡腿菇片、精盐、味精、白糖翻炒均匀，用水淀粉勾芡即成。

芥蓝烧什菌

此餐益脾胃，清心安神。

营养小典

主料 杏鲍菇300克。

调料 薄荷叶、精盐、白糖、酱油、料酒、香油各适量。

做法

1. 杏鲍菇洗净，切厚片，剞花刀。

2. 白糖、料酒、香油、酱油、精盐混合拌匀成调味酱汁。

3. 将杏鲍菇片码放在平底锅中，均匀淋上酱汁，腌渍15分钟，开小火煎至杏鲍菇熟，酱汁收干，盛盘，点缀薄荷叶即可。

蜜汁杏鲍菇

选购杏鲍菇要看菌盖，直径以3厘米左右为佳，这样的杏鲍菇口感最好。

选购支招

栗子冬菇

主料 去皮熟栗子肉、冬菇各200克。

调料 葱段、蒜片、酱油、味精、白糖、水淀粉、食用油各适量。

做法

1. 冬菇洗净，去蒂。

2. 锅置火上，倒油烧热，放入葱段、蒜片炒香，倒入熟栗子肉、冬菇翻炒片刻，加酱油、白糖和少许水，大火烧沸，放入味精，用水淀粉勾芡即可。

做法支招 如果是买带壳的生栗子，可以先用小刀在栗子壳尖端划一十字刀口，再入锅煮熟，这样出锅后很容易去皮。

糖醋面筋丝

主料 面筋200克，豆芽100克。

调料 葱姜末、精盐、醋、白糖、酱油、料酒、香油、食用油各适量。

做法

1. 面筋切丝；豆芽择洗干净，入沸水锅焯烫后捞出。

2. 炒锅倒油烧热，放入面筋丝炸至硬脆呈金黄色，捞出沥油。

3. 锅留底油烧热，放葱姜末爆香，加面筋丝、豆芽、酱油、料酒、醋、白糖、精盐和适量水翻炒均匀，淋香油即可。

营养小典 此餐健脾开胃，增强食欲。

金银豆腐

主料 豆腐、油豆腐各150克，草菇50克。

调料 精盐、味精、酱油、白糖、水淀粉各适量。

做法

1.豆腐、油豆腐均切块；草菇洗净，切丁。

2.锅中加水烧沸，加入豆腐块、油豆腐块、草菇丁、酱油、白糖，中火煮10分钟，加精盐、味精调味，用水淀粉勾芡即成。

此餐补钙壮骨，可促进胎宝宝发育。 营养小典

菠萝豆腐

主料 豆腐300克，菠萝100克。

调料 葱段、姜末、精盐、味精、醋、番茄酱、白糖、淀粉、食用油各适量。

做法

1.豆腐洗净，入沸水锅焯烫后捞出，切块；菠萝去皮，切丁。

2.豆腐块蘸匀淀粉，放入热油锅炸至金黄色，捞出。

3.净锅倒油烧热，放入葱段、姜末炸香，倒入番茄酱熬出红油，加入精盐、白糖、味精、醋、少许水烧沸，放入菠萝丁、豆腐块翻炒均匀即成。

此餐开胃健脾，促进消化。 营养小典

红糖水煮蛋

主料 鸡蛋1个（约60克）。

调料 红糖适量。

做法

1. 鸡蛋洗净。

2. 净锅倒水适量，放入红糖、鸡蛋，水沸后煮8分钟，关火，待鸡蛋凉凉，剥皮食蛋，喝红糖水。

营养小典 此餐补肝养血，健脾安神。

茭白炒鸡蛋

主料 茭白300克，鸡蛋2个（约120克）。

调料 葱花、精盐、食用油各适量。

做法

1. 茭白去皮洗净，切丝；鸡蛋洗净，打入碗内，加少量盐调匀。

2. 锅内倒油烧热，倒入鸡蛋液，炒成蛋花，盛出。

3. 另锅倒油烧热，放入葱花爆香后放入茭白丝翻炒均匀，加入精盐及少许水，翻炒至汤汁收干、茭白熟时倒入炒好的鸡蛋，翻炒均匀即可。

选购支招 选购鸡蛋时可用手轻摇，无声的是鲜蛋，有水声的是陈蛋。

主料 豆腐200克，猪肉馅150克，芹菜碎、白芝麻各25克。

调料 葱花、蒜末、酱油、香油、淀粉、花椒盐、食用油各适量。

做法

1. 将豆腐捏碎，加入猪肉馅、葱花、蒜末、芹菜碎、酱油、香油、淀粉拌匀成肉馅，捏成丸子，滚匀白芝麻。

2. 将豆腐丸子放入热油锅中，中火炸至丸子熟透，浮起，用吸油纸吸干油，撒花椒盐即可。

芝麻豆腐丸子

此餐补钙壮骨，健脑益智。 营养小典

主料 猪肉泥200克，莲藕、冬菇各50克，鸡蛋1个（约60克）。

调料 精盐、味精、淀粉、食用油各适量。

做法

1. 莲藕去皮切粒；冬菇泡发洗净，切粒；猪肉泥加入莲藕粒、冬菇粒，磕入鸡蛋，加淀粉、精盐、味精拌匀成馅料。

2. 锅中倒油烧至八成热，将猪肉藕饼制成大小相同的丸子，入锅压成饼形，小火煎至两面呈金黄色即可。

香煎藕饼

冬菇应放在密封罐中保存，并最好每个月在阳光下曝晒一次。 储存支招

秘制红烧肉

主料 带皮五花肉400克。

调料 香菜、精盐、味精、生抽、红糖、高汤、食用油各适量。

做法

1. 带皮五花肉洗净，整块放入沸水锅中，大火煮2分钟，捞出五花肉，冲洗干净，凉凉，切方块。

2. 锅中倒油烧热，倒入肉块翻炒2分钟，熄火。

3. 另锅点火，倒油烧热，放入红糖，小火慢熬成糖浆，迅速倒入五花肉块翻炒至上色，加入精盐、生抽，倒入高汤，大火烧沸，转中火炖至肉烂汁浓，加味精调味，撒上香菜即成。

营养小典 此餐补中益气，强身健体。

清炖狮子头

主料 五花肉500克，净猪皮、净菜心各50克，鸡蛋清适量，枸杞子5克。

调料 葱姜汁、精盐、味精、料酒、水淀粉各适量。

做法

1. 将五花肉剁成肉泥，加葱姜汁、料酒、精盐、味精、鸡蛋清、水淀粉拌匀，顺时针方向搅打上劲，捏成肉球。

2. 净猪皮、肉球、枸杞子同放入砂锅中，加适量水，大火烧沸，改小火焖2小时，加少许精盐调味，放入净菜心稍焖即可。

做法支招 搅拌肉蓉时要顺着一个方向搅。

主料 猪排骨500克。

调料 葱花、姜末、精盐、白糖、醋、香油、食用油各适量。

做法

1.将洗净的猪排骨剁成块，加适量盐水拌匀腌渍1小时。

2.锅中倒油烧热，放入排骨块煎炸片刻，捞出控油。

3.锅留底油烧热，放入葱花、姜末爆香，加入排骨块翻炒片刻，倒入适量开水、白糖和醋，大火烧沸，转小火煨至熟烂，淋香油即可。

糖醋排骨

做法支招

如果排骨一次未炸透，可以凉凉，然后再下油锅炸第二次。

主料 猪排骨500克。

调料 葱段、姜片、香菜、精盐、味精、酱油、料酒、白糖、水淀粉、高汤、食用油各适量。

做法

1.将猪排骨洗净，剁成段，再放入沸水锅焯透，捞出冲净。

2.炒锅倒油烧热，放入葱段、姜片爆香，烹入料酒，加入酱油、白糖、精盐，添高汤烧开，放入排骨段烧至熟烂入味，拣去葱段、姜片，加入味精，用水淀粉勾芡，撒香菜即可。

红烧排骨

营养小典

此餐可补充体力，促进胎宝宝发育。

清蒸豆腐饼

主料 豆腐200克，牛肉馅100克，鸡蛋1个（约60克），松仁适量。

调料 葱蒜末、精盐、白糖、胡椒粉、香油各适量。

做法

1. 豆腐洗净，压碎，加牛肉馅、鸡蛋、葱蒜末、精盐、香油、白糖、胡椒粉拌匀，制成饼状。
2. 在豆腐饼表面撒上松仁做装饰，放入锅内蒸熟，盛出凉凉即可。

营养小典 此餐补钙壮骨，促进胎宝宝发育。

干煎牛排

主料 牛外脊肉300克，洋葱丁、胡萝卜丁各25克。

调料 橙汁、精盐、白糖、醋、水淀粉、食用油各适量。

做法

1. 牛外脊肉切片，用刀背拍松，加精盐略腌；橙汁、精盐、白糖、醋、水淀粉同入碗中调成芡汁。
2. 锅中倒油烧至四成热，放入牛肉片煎熟，盛出装盘。
3. 锅中倒油烧热，放入洋葱丁、胡萝卜丁翻炒片刻，烹入芡汁炒匀，淋在牛排上即可。

营养小典 此餐安中益气，健脾养胃。

主料 🥄 土豆200克，牛肉300克。

调料 🧂 姜片、精盐、生抽、味精、料酒各适量。

土豆炖牛肉

做法 📋

1. 牛肉洗净切块；土豆洗净去皮，切滚刀块。

2. 锅中注水烧开，放入切好的牛肉块汆烫，捞出沥水。

3. 瓦煲加入清水烧开，放入牛肉块和姜片，煮沸，改用中火煲至牛肉熟，放入土豆块，煲至牛肉软烂，放入生抽、精盐、料酒、味精即可。

此餐健脾养胃，强筋壮骨，有助提高孕妈妈免疫力。 营养小典

主料 🥄 羊肉150克，鸡蛋液200克，红甜椒末5克。

调料 🧂 葱姜末、精盐、料酒、淀粉、食用油各适量。

锅塌羊肉

做法 📋

1. 羊肉切片，加精盐、料酒、淀粉腌渍20分钟；鸡蛋液加葱姜末搅匀。

2. 锅中倒油烧热，放入羊肉片滑至变色，捞出沥油，倒入鸡蛋液中搅匀。

3. 锅留底油烧热，倒入鸡蛋液，小火煎至周边起泡，翻面煎熟，出锅撒上红甜椒末即成。

应尽量将羊肉全部包裹在鸡蛋中，成菜上桌时只能看到鸡蛋，看不到里边的羊肉。 做法支招

酱爆羊肉丁

主料 羊肉400克，胡萝卜50克。

调料 葱花、香菜段、甜面酱、精盐、味精、淀粉、食用油各适量。

做法

1. 羊肉洗净切丁，加精盐、淀粉，抓匀上浆；胡萝卜去皮洗净，切丁。

2. 锅中倒油烧热，放入羊肉丁滑熟，捞起控油。

3. 锅留底油烧热，倒入葱花爆香，放入胡萝卜丁略炒，调入甜面酱、味精，放入羊肉丁炒匀，撒香菜段即可。

营养小典 此菜可补元阳，益血气。

鲜蔬烩鸡丁

主料 红甜椒、黄甜椒、西蓝花、香菇各25克，去骨鸡腿肉200克。

调料 精盐、白糖、高汤、水淀粉各适量。

做法

1. 各种蔬菜洗净切块，热水焯烫后捞出沥干；去骨鸡腿肉切丁，入锅汆烫至半熟，捞出沥水。

2. 锅中倒入高汤，加入蔬菜、鸡腿肉丁拌炒至熟，加精盐、白糖调味，用水淀粉勾芡收汁即可。

营养小典 此菜可补充蛋白质、维生素。

主料 鸡翅300克，小青菜100克。

调料 蒜泥、精盐、味精、酱油、白糖、料酒、食用油各适量。

做法

1.将鸡翅两面剞十字花刀，加料酒、酱油、白糖、味精、蒜泥抹匀腌渍片刻；料酒、酱油、精盐、白糖、味精同入碗中调成味汁；小青菜洗净，入锅焯熟，捞出沥水，摆盘中。

2.锅中倒油烧热，放入鸡翅煎3分钟，翻面再煎3分钟，倒入味汁，小火焖至汤汁收干，盛入青菜盘中即可。

生煎鸡翅

此菜可增强体力，补充维生素、蛋白质。

营养小典

主料 鸡脯肉350克，鸡蛋1个（约60克）。

调料 葱段、蒜片、精盐、味精、料酒、白糖、淀粉、食用油各适量。

做法

1.鸡脯肉洗净，切片，加葱段、蒜片、料酒、精盐、白糖、味精少许，稍腌片刻。

2.鸡蛋磕散，加淀粉调成稀糊状。

3.锅中倒油烧至七成热，将鸡片拌匀蛋糊，逐片放入油锅中炸至鸡肉断生，外面呈金黄色，捞出沥油即可。

软炸鸡

鸡脯肉也可换成鸡腿肉烹制。

做法支招

嫩香鱼蛋饼

主料 鸡蛋2个（约120克），青鱼肉150克，洋葱25克。

调料 奶油、番茄酱各适量。

做法

1.洋葱洗净，切碎；青鱼肉洗净，入锅煮熟，研碎；鸡蛋磕入碗中，加鱼泥、洋葱末搅拌均匀。

2.平底锅放入奶油烧化，倒入鱼蛋饼煎熟，盛出，淋上番茄酱即成。

营养小典 此餐可补钙健骨，补脾益气。

清蒸黄花鱼

主料 黄花鱼500克。

调料 葱、姜、精盐、味精、料酒各适量。

做法

1.黄花鱼洗净，去内脏，两侧斜剞数刀；葱、姜切丝。

2.净鱼涂上料酒、精盐、味精，鱼腹中放入葱姜丝，摆入盘中，上面再撒上葱姜丝，上蒸笼蒸8~10分钟即可。

营养小典 黄花鱼含有丰富的微量元素硒，能清除人体代谢产生的自由基，延缓衰老，并对癌症有一定辅助功效。

主料 净鱼肉300克，胡萝卜、熟青豆各20克。

调料 番茄酱、精盐、料酒、生抽、白糖、水淀粉、食用油各适量。

做法

1. 净鱼肉切条，加料酒、精盐、水淀粉，抓匀上浆;胡萝卜洗净，切丝。

2. 锅内倒油烧热，放入鱼条，炸至外表略脆，捞出沥油，装盘。

3. 锅留底油烧热，放入胡萝卜丝、熟青豆炒香，加入番茄酱、精盐、白糖、生抽炒匀，浇在鱼条上即成。

番茄鱼条

鱼肉一定要去刺，可以选择鲶鱼、黄花鱼等刺少的鱼。

做法支招

主料 带鱼500克。

调料 葱段、蒜片、精盐、料酒、淀粉、香油、食用油各适量。

做法

1. 带鱼洗净，切块，加精盐、料酒腌制10分钟，在鱼身上抹匀淀粉。

2. 炒锅倒油烧热，放入带鱼块翻炒至变色，添入适量水烧熟，加入葱段、蒜片炒匀，用水淀粉勾芡，淋上香油即可。

家常烧带鱼

带鱼加工时，最好剞上花刀，这样既好看，又入味。

做法支招

芦笋虾仁

[主料] 芦笋、虾仁各100克。

[调料] 精盐、料酒、白糖、水淀粉、食用油各适量。

[做法]

1.将虾仁挑去虾线，洗净沥水，加精盐、料酒拌匀腌渍20分钟；芦笋削除根部粗皮，洗净切段，用开水汆烫片刻，捞出冲凉。

2.锅中倒油烧热，倒入虾仁炒至变色，加入芦笋炒熟，加精盐、白糖炒匀，用水淀粉勾芡即可。

[做法支招] 在虾背上轻划一刀，用牙签即可轻易挑出虾线。

香葱软炸虾

[主料] 虾仁300克，鸡蛋清、面粉各30克。

[调料] 香葱末、精盐、味精、料酒、淀粉、食用油各适量。

[做法]

1.虾仁放入碗中，加香葱末、精盐、味精、料酒腌2分钟；盆中加鸡蛋清、面粉、淀粉和少许水调成糊。

2.锅中倒油烧热，将虾仁裹匀蛋糊，逐个入油中炸至九成熟，捞出沥油，等油温升高，把虾仁放入复炸一次，捞出沥油即可。

[做法支招] 正确解冻虾仁的方法是在常温下慢慢解冻，或者放在慢慢流动的自来水中解冻。

豌豆虾仁

[主料] 虾仁300克，豌豆50克，鸡蛋清适量。

[调料] 葱花、精盐、味精、白糖、料酒、食用油各适量。

[做法]

1. 虾仁去除虾线，洗净，加入鸡蛋清、精盐、味精、淀粉拌匀腌渍20分钟；豌豆洗净，放沸水锅煮熟，捞出沥干。
2. 锅中倒油烧热，加入葱花爆香，倒入虾仁、豌豆翻炒至虾仁变色，烹入料酒，加入精盐、白糖、味精，炒匀即可。

虾对小儿、孕妇尤有补益功效。

[营养小典]

双耳烧海参

[主料] 冻即食海参200克，水发银耳、水发木耳各50克。

[调料] 葱段、姜片、精盐、蚝油、高汤、食用油各适量。

[做法]

1. 海参解冻后洗净，焯水后切条；水发银耳、水发木耳均洗净，撕成小朵。
2. 锅中倒油烧热，放入姜片、葱段爆香，加入海参条、木耳、银耳翻炒均匀，整锅连汁换到小砂锅中，加精盐、蚝油、高汤，盖上锅盖焖至汁收即可。

干海参不易泡发，因此可使用即食海参烹制菜肴，方便易做。

[做法支招]

石锅海参

主料 泡发海参200克，洋葱50克。

调料 葱段、香菜段、精盐、白糖、料酒、蚝油、高汤、黄油各适量。

做法

1. 泡发海参洗净，切片；洋葱洗净，切丝。

2. 石锅置火上，放入黄油烧化，加入葱段、洋葱丝煸香，放入海参片，加料酒、高汤、蚝油、白糖、精盐，烧至海参熟烂，撒香菜段，整锅上桌即可。

做法支招 石锅易导热，烹调时要小心。

番茄豆腐羹

主料 番茄、豆腐各200克，净毛豆50克。

调料 精盐、白糖、味精、水淀粉、清汤、食用油各适量。

做法

1. 将豆腐切片，入沸水锅稍焯，捞出沥水；番茄洗净，沸水烫后去皮，剁成蓉，下油锅煸炒片刻，盛出。

2. 锅中倒入清汤，放入净毛豆、精盐、白糖、味精、豆腐片，烧沸，用水淀粉勾芡，淋入番茄酱汁推匀即可。

饮食宜忌 最好不要空腹吃番茄。番茄所含的果胶等物质易与胃酸发生化学反应，结成不易溶解的块状物，引起腹痛。

主料 白萝卜300克。

调料 葱花、姜丝、精盐、味精、料酒、食用油各适量。

做法

1. 白萝卜洗净，切成菱形块。

2. 锅置火上，倒油烧热，放入葱花、姜丝炝锅，然后倒入适量清水，加入料酒、精盐烧沸，放入白萝卜块，用小火炖烂，加入味精出锅即成。

熬炖萝卜

此菜可下气消食，除痰润肺，解毒生津。

营养小典

主料 豌豆苗150克，水发银耳100克，彩椒丝少许。

调料 精盐、味精、料酒、水淀粉、香油各适量。

做法

1. 水发银耳洗净，去根，放入沸水锅焯烫后捞出沥干，撕小朵；豌豆苗洗净，用沸水氽烫片刻，捞出沥水。

2. 锅置火上，加入适量水，放入银耳，加入精盐、味精、料酒，中火煮5分钟，用水淀粉勾芡，淋上香油，撒上豌豆苗、彩椒丝即可。

豌豆苗银耳汤

银耳的根部有酸味，要去除，以免影响菜肴的口感。

做法支招

四丝汤

【主料】 冬笋、嫩豆腐、水发木耳各100克，榨菜50克。

【调料】 葱姜末、精盐、醋、水淀粉各适量。

【做法】

1.冬笋、水发木耳均洗净，切丝；嫩豆腐洗净，切丝；榨菜切丝。

2.锅中倒入适量水，放入冬笋丝煮沸，放入豆腐丝、木耳丝、榨菜丝，加入精盐，再次煮沸，放入葱姜末、醋、水淀粉，转小火，不停搅拌至汤逐渐变透明，熄火凉凉即成。

【营养小典】 此汤营养丰富，强身健体。

黄豆芽蘑菇汤

【主料】 鲜蘑菇、黄豆芽各100克。

【调料】 葱花、精盐、高汤、香油各适量。

【做法】

1.鲜蘑菇去蒂洗净，切片；黄豆芽洗净。

2.锅置火上，倒入高汤烧开，放入黄豆芽煮10分钟，加入蘑菇片，小火煮10分钟，加精盐调味，撒上葱花，淋入香油即可。

【营养小典】 这道汤味道鲜美，可以为孕妈妈提供多种氨基酸，同时可以抵抗病毒入侵,为胎宝宝营造安全、健康的成长环境。

主料 芦笋100克，口蘑50克，红柿椒20克。

调料 葱花、精盐、味精、香油、食用油各适量。

做法

1. 将芦笋洗净，切成段；口蘑洗净，切片；红柿椒洗净，切菱形片。

2. 锅中倒油烧热，下葱花煸香，放入芦笋段、口蘑片略炒，加适量水大火煮5分钟，放精盐、味精调味，出锅前放入红柿椒片，淋香油，炒匀即可。

芦笋口蘑汤

芦笋、口蘑都是富含抗氧化物质的蔬菜，适合孕妈妈食用。

营养小典

主料 猪腰200克，黄豆芽100克，党参5克。

调料 精盐、高汤各适量。

做法

1. 猪腰对半剖开，切去白色腰臊，剞十字花刀，再切成块；黄豆芽、党参均洗净。

2. 煲锅中倒入高汤，加入党参，中小火煮滚，放入豆芽、腰花煮至腰花断生，加精盐调味即可。

党参腰花汤

此汤可预防先兆流产。

营养小典

红汤牛肉

主料 牛肉300克，胡萝卜、土豆、洋葱、卷心菜各50克。

调料 姜片、番茄酱、精盐、味精、黄油各适量。

做法

1. 土豆去皮洗净，切块；胡萝卜去皮洗净，切块；卷心菜洗净，切块；洋葱洗净，切块；牛肉洗净，切块，放入沸水锅中稍煮后捞出，汤留用。

2. 炒锅点火，倒入黄油烧化，放入洋葱块稍煸炒，加入土豆块、胡萝卜块、卷心菜翻炒，加入牛肉块、味精、姜片、精盐、番茄酱和煮牛肉的汤，大火烧开，转小火炖至牛肉熟烂即成。

营养小典 此汤温中养胃，健脾润肠。

杜仲鸡汤

主料 乌骨鸡750克，炒杜仲30克。

调料 精盐适量。

做法

1. 将刚宰杀的乌骨鸡去除杂毛和内脏，用纱布将杜仲包好放入鸡腹内。

2. 锅中倒入适量水，放入乌骨鸡煮至熟烂，取出鸡腹中的杜仲，加精盐调味即可。

营养小典 此汤适用于气血不足、肾气亏虚、有流产先兆的孕妈妈，可于怀孕前服用，也可在怀孕后服用。

主料 鲫鱼500克，酸菜150克。

调料 葱段、姜丝、精盐、味精、食用油各适量。

做法

1. 将鲫鱼去鳞和内脏，洗净；酸菜浸泡洗净，切片。

2. 锅内倒油烧热，放入鲫鱼将两面煎黄，加入酸菜片、葱段、姜丝和适量清水，大火烧开，改小火煮20分钟，加入精盐、味精，调匀即可。

酸菜鲫鱼汤

怕酸菜过咸的话，可以用沸水焯一下，去掉咸味。

营养小典

主料 骨碎补10克，粳米100克。

做法

1. 粳米淘洗干净。

2. 骨碎补入锅水煎30分钟，去药取汁，加粳米煮成粥即可。

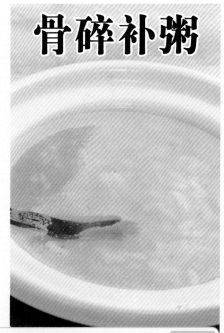

骨碎补粥

骨碎补具有补肾强腰、活血止痛、续筋接骨的功效。手足冰冷、腰膝酸软的孕妈妈服之可改善症状。

营养小典

草莓绿豆粥

主料 草莓250克，绿豆100克，糯米250克。

调料 白糖适量。

做法

1. 将草莓洗净，对半切开，绿豆用温水泡透，糯米洗净。

2. 取瓦煲1个，倒入适量清水，用中火烧开，放入绿豆、糯米，改用小火煲至开花，加入对半切开的草莓、白糖，续煲10分钟即可。

做法支招 草莓表面极易残留农药，要放在盐水中浸泡10分钟，再以流动的清水反复冲洗。

松子核桃粥

主料 小米100克，松子仁、核桃仁各20克。

调料 白糖适量。

做法

1. 松子仁、核桃仁洗净，用温水泡发，去皮；小米去沙，淘洗干净。

2. 锅中放清水，加入松子仁、核桃仁，上火稍煮，水沸后，下入小米，用小火煮成粥，加入白糖即可。

营养小典 此粥可缓解恶心、呕吐等症状。

主料 面粉100克，鸡蛋2个（约120克）。

调料 葱花、精盐、食用油各适量。

做法

1.在面粉中磕入鸡蛋，加入精盐拌匀，再慢慢加入适量水，使面糊成为流动的糊状，拌入葱花。

2.平底锅中倒入少许油抹匀，倒入适量面糊摊成薄饼，两面煎黄即可。

葱香鸡蛋软饼

此饼健脾开胃，增强食欲。

营养小典

主料 烫面团200克，土豆丝100克。

调料 精盐、味精、食用油各适量。

做法

1.取烫面团搓条，下剂按扁，在扁面剂上刷油，将两个刷油扁面剂油面合在一起，擀成薄片，放入电饼铛烙熟，取出，揭开两层。

2.土豆丝入锅焯熟，加精盐、味精拌匀，卷入筋饼中即成。

土豆丝筋饼

此饼皮薄筋道，馅香味美。

营养小典

芹菜叶饼

主料 面粉200克,芹菜嫩叶50克,鸡蛋1个(约60克)。

调料 精盐、味精、食用油各适量。

做法

1.芹菜嫩叶洗净,切碎装碗,加入鸡蛋、面粉、精盐、味精和适量水拌匀。

2.平锅加油烧热,舀入拌好的芹菜面糊摊成饼,两面煎至金黄,切好装盘即可。

营养小典 此饼可补充叶酸,镇静安神。

家常馅饼

主料 发酵面团300克,猪肉馅、洋葱末各150克。

调料 葱姜水、精盐、酱油、味精、食用油各适量。

做法

1.猪肉馅加入洋葱末、葱姜水、精盐、酱油、味精拌匀成馅料。

2.发酵面团下剂按扁,包入馅料,捏紧封口,压扁成肉馅饼生坯。

3.电饼铛内刷少许油,加热后放入肉馅饼生坯,煎至两面金黄即成。

营养小典 此饼色泽金黄,肉味鲜美。

主料 糯米粉、面粉各100克，豆干丁、萝卜叶、干香菇、牛蒡各25克。

调料 葱花、精盐、白糖各适量。

做法

1. 干香菇用冷水泡软，萝卜叶、牛蒡均切碎。

2. 将豆干丁、葱花、香菇、萝卜叶、牛蒡一同入锅炒香，加入白糖、精盐，与面粉、糯米粉一同和匀，放入铝锅煎至金黄色即可。

如意糯米煎

> 这道佳肴补中益气，健脾养胃。

营养小典

主料 糯米粉300克，面粉150克。

调料 食用油适量。

做法

1. 糯米粉、面粉同倒入大盆中，加适量水，拌匀成糯米面糊。

2. 糯米面糊倒入圆形模具中，上笼蒸熟，取出凉凉。

3. 平底锅倒油烧热，小火将糯米糕煎至两面金黄中间熟透即成。

香煎糯米糕

> 糯米食品宜加热后食用，冷糯米食品不但很硬，口感也不好，更不易消化。

饮食宜忌

银百炖香蕉

主料 鲜百合、香蕉各100克，银耳15克，枸杞子5克。

调料 冰糖适量。

做法

1.银耳用水泡发，去蒂，撕成小朵，加适量水入蒸笼蒸30分钟，取出；鲜百合剥开，洗净；香蕉去皮，切片；枸杞子洗净。

2.所有原料放入炖盅，加入冰糖，入蒸笼蒸30分钟即可。

营养小典 此餐可宁心安神，润肠通便。

芝麻糊

主料 黑芝麻、黑米、糯米各50克。

调料 白糖适量。

做法

1.黑芝麻、黑米、糯米分别洗净，入锅炒熟，碾碎成粉末。

2.每份加半勺白糖和适量水，入锅慢火煮至黏稠即成，也可沸水冲服。

做法支招 保存芝麻食品最好采用密封的方法，并存放在阴凉的地方，避免光照和高温。

Part 2

孕中期
营养美食

开胃香椿

主料 鲜香椿200克。

调料 精盐、酱油、白糖、陈醋、香油各适量。

做法

1.鲜香椿洗净，切成小段。

2.锅中加适量水烧开，将香椿段入锅中焯烫片刻，捞出放凉后装盘，加入适量精盐、白糖、陈醋、酱油、香油，拌匀即可。

营养小典 此餐清热解毒，健胃理气，润肤明目。

烫干丝

主料 白香干300克。

调料 香菜段、姜丝、精盐、味精、香油各适量。

做法

1.白香干片成薄片，切丝。

2.炒锅倒水烧沸，放入香干丝焯烫片刻，捞出沥水，凉凉，放小盆内，加入精盐、味精、姜丝、香油拌匀，盛盘中，放入香菜段即成。

营养小典 香干含有丰富的蛋白质、维生素A、B族维生素、钙、铁、镁、锌等营养元素，适宜孕妈妈食用。

五彩蔬菜沙拉

[主料] 黄瓜、生菜、豌豆、红柿椒、黄柿椒、莲藕、紫甘蓝、水发木耳各50克。

[调料] 沙拉酱、番茄酱各适量。

[做法]

1.黄瓜、紫甘蓝、红柿椒、黄柿椒均洗净，切丁；豌豆、水发木耳均焯熟；莲藕洗净，切片，入锅焯熟。

2.生菜洗净后铺盘底，黄瓜丁、豌豆、红柿椒丁、黄柿椒丁、紫甘蓝丁、木耳、莲藕片同装盘中，倒入番茄酱和沙拉酱，吃时拌匀即可。

为了去除蔬菜表面可能残留的农药，要反复清洗。 [做法支招]

黑豆沙拉

[主料] 黑豆、洋葱各30克，胡萝卜、白萝卜、牛蒡、香菇各15克。

[调料] 蒜末、寿司醋、橄榄油各适量。

[做法]

1.香菇切丁；胡萝卜、白萝卜、牛蒡均去皮，洗净，切丁；以上原料入沸水锅焯烫一下，捞出凉凉；黑豆洗净，浸泡3小时，入锅蒸熟，取出凉凉。

2.洋葱洗净，切碎，加蒜末、橄榄油、寿司醋调匀成沙拉汁。

3.取一平盘，将所有材料一起放入盘中，淋上沙拉汁，拌匀即成。

此餐可消肿下气，补血安神。 [营养小典]

西芹双耳

主料 西芹200克，红甜椒100克，水发木耳、银耳各15克。

调料 精盐、味精、酱油、白糖各适量。

做法

1. 将西芹洗净，切段；水发木耳、银耳均洗净，木耳切丝，银耳撕成小朵；红甜椒去子洗净，切片。
2. 将所有原料放入热水锅汆烫片刻，捞出投凉沥水，加入调料拌匀即可。

营养小典 此餐滋阴补虚，提神补气，润肠通便。

凉拌豆腐

主料 内酯豆腐100克，樱桃番茄、茄子、毛豆各50克，小白鱼干15克。

调料 蒜末、精盐、酱油各适量。

做法

1. 将内酯豆腐切成大块，摆在盘中；将茄子切丁，加精盐腌15分钟，入沸水锅焯熟，捞出沥水；毛豆洗净，入锅煮熟，捞出沥水；樱桃番茄洗净，切成两瓣。
2. 将茄子丁、毛豆、樱桃番茄、小白鱼干、茄子丁一同盛到切好的豆腐块上，撒蒜末，淋酱油拌匀即可。

营养小典 茄子用盐腌过后，清热降火，最适合上火、内燥的孕妈妈食用。

蛤蜊小白菜

主料 花蛤300克，小白菜100克。

调料 精盐、生抽、香油各适量。

做法

1. 吐净泥沙的花蛤洗净，煮熟，取肉；小白菜洗净，切段。

2. 花蛤肉倒入碗内，调入生抽、香油、精盐腌制20分钟，加入小白菜段，拌匀即可。

营养小典

此餐滋阴化痰，软坚利水。

海米烧菜花

主料 菜花300克，海米25克。

调料 葱段、精盐、味精、料酒、淀粉、食用油各适量。

做法

1. 菜花洗净，掰成小块，放入开水锅中烫至断生，捞出用凉水过凉，捞出沥水。

2. 锅置中火上，倒油烧热，放入葱段炸至金黄色捞出不要，烹入料酒，加入适量水和味精，放入海米、菜花、精盐，烧至入味，用淀粉勾芡，出锅即成。

营养小典

此餐可补充维生素及矿物质。

山珍炒黄花菜

主料 竹笋、水发木耳、水发黄花菜各100克。

调料 葱花、精盐、味精、水淀粉、素鲜汤各适量。

做法

1.竹笋洗净，切丝，与水发木耳、水发黄花菜同入沸水锅焯烫片刻，捞出沥干。

2.锅内倒油烧热，加入葱花爆香，放入竹笋丝、木耳、黄花菜炒匀，加入素鲜汤煮沸，烧至黄花菜熟，加入精盐、味精，用水淀粉勾芡即可。

做法支招 水发后体积涨大的木耳为优质木耳，发涨程度差的为次品。

香菇炒荸荠

主料 香菇、荸荠各150克。

调料 酱油、白糖、味精、料酒、水淀粉、鲜汤、食用油各适量。

做法

1.香菇用温水洗净，挤去水分切片；荸荠去皮洗净，切成片。

2.锅置火上，倒油烧热，加入香菇片、荸荠片翻炒片刻，加入鲜汤、料酒、酱油、白糖、味精，小火烧至汁浓稠，用水淀粉勾芡即成。

营养小典 此餐可促进新陈代谢。

主料　滑子菇200克，西葫芦100克。

调料　葱花、精盐、味精、水淀粉、食用油各适量。

西葫芦炒蘑菇

做法

1.西葫芦洗净，切片；滑子菇泡发，洗净（留少许泡发的水）。

2.炒锅点火，倒油烧热，放葱花爆香，放入西葫芦片翻炒片刻，然后放入滑子菇，继续翻炒片刻，接着倒入少许泡滑子菇的水，加精盐烧煮至汁干，放入味精，淋入适量水淀粉，勾薄芡即可。

此餐可补充营养，促进胎宝宝发育。

营养小典

主料　鲜净罗汉笋200克，雪菜100克。

调料　精盐、味精、水淀粉、鲜汤、香油、食用油各适量。

雪菜竹笋

做法

1.罗汉笋切成块；雪菜洗净，切末，用精盐稍腌片刻，去掉水分。

2.锅内倒油烧热，放入罗汉笋块煸炒片刻，加入雪菜末、精盐、鲜汤，大火烧开，大火收汁，加入味精调味，用水淀粉勾芡，淋上香油即可。

选购笋时可以用指甲掐笋外壳，一掐就有痕迹、出汁水的是鲜笋。

选购支招

五彩烩豆腐

主料 豆腐200克，胡萝卜丁、白萝卜丁、水发香菇丁、牛蒡丁、彩椒丁各25克。

调料 蒜末、番茄酱、精盐、酱油、醋、白糖、素高汤、食用油各适量。

做法

1. 豆腐洗净，切块。

2. 锅中倒油烧热，放入蒜末炒香，加入素高汤与其他调料，放入豆腐块与各种丁料，炒熟即可。

营养小典 此餐可补钙壮骨，促进胎宝宝发育。

奶汁豆腐

主料 豆腐250克，胡萝卜、油菜各25克，牛奶适量。

调料 姜丝、精盐、味精、水淀粉、高汤、食用油各适量。

做法

1. 胡萝卜洗净，切丁；油菜洗净，切片；豆腐入沸水锅内焯烫，捞出过凉，切丁。

2. 炒锅倒油烧热，放入豆腐丁，煎至呈黄色时，放入姜丝，倒入牛奶、高汤，加入精盐烧沸，转小火加盖焖烧至奶香味飘出，转旺火，加入胡萝卜丁、油菜片，炒匀，用水淀粉勾芡，加味精调味，盛盘即成。

做法支招 此餐宜用嫩豆腐烹制。

主料 豆腐皮200克，绿豆芽150克。

调料 香菜段、精盐、味精、香油、食用油各适量。

做法

1. 绿豆芽洗净，控水；豆腐皮切丝。

2. 锅中倒油烧热，放入豆腐丝、绿豆芽翻炒至熟，加入香菜段、精盐、味精、香油调味即可。

豆芽炒豆腐皮

此餐含有优质植物蛋白、钙及维生素，营养丰富，可预防体态发胖，是养生健身之佳肴。　营养小典

主料 芦笋150克，鸡蛋2个（约120克）。

调料 葱姜末、精盐、味精、食用油各适量。

做法

1. 芦笋洗净，入沸水锅略焯，捞出控水；鸡蛋打入碗中，加精盐、味精、葱姜末搅匀。

2. 平底锅点火，倒油烧热，倒入鸡蛋液，待蛋液凝固前，把芦笋整齐地排列在蛋液上，待蛋液全部与芦笋凝固时，在锅边四周淋入少许油，将蛋饼翻转过来，煎至两面呈金黄色，出锅切条即可。

芦笋蛋饼

痛风患者不宜多食芦笋。　饮食宜忌

糖醋蛋

主料 🥄 鸡蛋3个（约180克）。

调料 🧂 白糖、白醋各适量。

做法 🍳

1.锅中倒入一碗水煮开，加入白糖和白醋，大火煮开。

2.将鸡蛋磕入锅中，煮至蛋熟即可。

营养小典 此餐补钙健骨，健脾开胃。

特色黄金蛋

主料 🥄 鸡蛋黄200克，核桃仁、冬瓜各50克。

调料 🧂 白糖、水淀粉、食用油各适量。

做法 🍳

1.冬瓜去皮，洗净切条；核桃仁洗净，剁碎；鸡蛋黄放碗中，加水淀粉和水搅匀。

2.锅中倒油烧热，倒入搅拌好的蛋黄，翻搅片刻，加入冬瓜条、核桃仁和白糖，炒至白糖完全溶化即成。

营养小典 此餐健脾开胃，补钙健骨。

主料 豆腐200克，鸡蛋黄3个。

调料 葱花、精盐、味精、酱油、食用油各适量。

做法

1. 豆腐切丁，放入沸水锅焯水后捞出，沥干；鸡蛋黄加精盐、味精搅散。

2. 净锅点火，倒油烧热，倒入蛋黄，不停地翻拌，搅散成桂花形，放入豆腐丁、精盐、味精、酱油一起拌炒入味，出锅装盘，撒上葱花即成。

桂花豆腐

> 将豆腐放在盐水中煮开，放凉之后连水一起放在保鲜盒里再放进冰箱，至少可以存放一个星期不变质。 做法支招

主料 海带、猪肉各200克。

调料 葱丝、蒜片、精盐、酱油、料酒、味精、淀粉、清汤、食用油各适量。

做法

1. 猪肉洗净，切成薄片；海带洗净切片，入沸水锅内焯片刻，捞出沥水。

2. 锅置火上，倒油烧热，放入猪肉片煸炒至变色，加入酱油、料酒、葱丝、蒜片、精盐、清汤少许继续煸炒，加入海带片，煸炒至熟入味，用淀粉勾芡，放入味精炒匀即成。

海带炒肉

> 吃海带后不宜立刻喝茶，也不宜立刻吃酸涩的水果。因海带中富含铁，以上两种食物会阻碍体内铁的吸收。 饮食宜忌

煎里脊肉

主料 🥄 猪里脊肉300克。

调料 🍶 葱段、姜片、精盐、味精、料酒、食用油各适量。

做法 🍳

1. 猪里脊肉洗净，切片，斩断筋，加料酒、精盐、味精、葱段、姜片和水抓匀。

2. 锅内倒油烧热，逐片下入里脊肉片，将肉片两面煎熟，取出装盘即可。

营养小典 里脊肉富含各种营养，尤其是蛋白质，可补充孕妈妈身体所需营养，缓解腰腿酸软、浑身乏力的症状。

炸芝麻里脊

主料 🥄 猪里脊肉250克，芝麻20克，鸡蛋清1个。

调料 🍶 精盐、味精、酱油、料酒、水淀粉、食用油各适量。

做法 🍳

1. 猪里脊肉洗净，切条，加精盐、味精、料酒、酱油拌匀腌制入味；鸡蛋清、水淀粉搅匀成蛋糊，放入肉条裹匀蛋糊，再蘸满芝麻。

2. 锅中倒油烧热，放入肉条炸至熟透，捞出沥油即可。

选购支招 新鲜里脊肉呈嫩红色，富有弹性，闻之无腐败异味。

【主料】 带皮五花肉300克，时令青菜150克。

【调料】 葱段、姜片、精盐、味精、白糖、酱油、食用油各适量。

【做法】

1.带皮五花肉洗净，切大块；时令青菜洗净，放入沸水锅烫熟，捞出沥干，摆盘中。

2.锅中倒油烧热，放白糖炒化，加入葱段、姜片炒香，放入肉块翻炒变色，淋酱油，翻炒至每块肉都蘸上酱油，倒入开水，没过肉块，大火烧开，转小火炖2小时，加精盐、味精调味即可。

青菜红烧肉

此餐增强体力，补钙壮骨。 营养小典

红烧狮子头

【主料】 五花肉300克，香菇粒、海米粒各25克，鸡蛋液50克。

【调料】 葱段、葱花、姜块、精盐、味精、白糖、酱油、料酒、水淀粉、食用油各适量。

【做法】

1.五花肉切小粒，加入香菇粒、海米粒、鸡蛋液、淀粉拌匀，做成猪肉丸。

2.锅中倒油烧热，放入葱段、姜块炒香，烹入料酒，添入适量水，放入猪肉丸，加入酱油、白糖烧沸，倒入砂锅中，小火煮至肉丸熟透，加精盐、味精，用水淀粉勾芡，撒葱花即可。

肥胖、血脂较高的孕妇不宜多食。 饮食宜忌

豆豉蒸排骨

主料 肋排400克，油菜叶50克。

调料 豆豉、蒜蓉、生抽、味精、白糖、料酒、水淀粉各适量。

做法

1. 肋排洗净，剁块；油菜叶洗净，入锅焯烫至变色，捞出垫在盘底。
2. 取一个器皿，倒入肋排块、豆豉、蒜蓉、白糖、料酒、味精、生抽，拌匀，腌渍5分钟，再加入水淀粉搅拌。
3. 点火坐蒸笼，开锅后将肋排上笼蒸60分钟，取出，放入油菜叶上即可。

营养小典 此餐可补充营养，增强体质。

小米蒸排骨

主料 猪排骨400克，小米150克。

调料 甜面酱、精盐、味精、料酒、冰糖、食用油各适量。

做法

1. 小米淘洗干净，浸泡20分钟；猪排骨洗净，斩段；冰糖研碎。
2. 排骨段加甜面酱、冰糖、料酒、精盐、味精、食用油拌匀，装入蒸碗内，在上面撒匀小米，上笼用旺火蒸熟即可。

营养小典 此餐健脾和胃，补益虚损，和中益肾，除热解毒，增强记忆。

主料 🥄 豆芽200克，猪肝100克。

调料 🧂 姜丝、精盐、醋、味精、酱油、料酒、食用油各适量。

做法 📋

1. 将豆芽洗净；猪肝洗净，剔去筋膜，入锅加适量水和精盐煮熟，捞出凉凉，切片。

2. 锅中倒油烧热，放入姜丝爆香，加入豆芽翻炒片刻，烹入醋炒匀，倒入猪肝片，加入酱油、料酒、味精翻炒均匀即可。

豆芽炒猪肝

此餐可预防贫血。

营养小典

口蘑猪心煲

主料 🥄 猪心、口蘑各150克，水发木耳50克。

调料 🧂 精盐、酱油、料酒、清汤各适量。

做法 📋

1. 口蘑洗净，去柄；猪心洗净，切成两半，入沸水焯透，切成小块。

2. 砂锅内放清汤、料酒、猪心块，烧开后撇去浮沫，炖至八成熟时，加酱油、精盐、口蘑、水发木耳，炖至口蘑成熟即可。

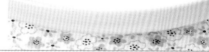

此餐补气安神，增强记忆。

营养小典

黄花菜炒牛肉

主料 瘦牛肉200克,干黄花菜、柿子椒各50克。

调料 精盐、白糖、食用油各适量。

做法

1. 瘦牛肉切条,加入精盐腌渍30分钟;干黄花菜泡发;柿子椒洗净,切长条。
2. 炒锅点火,倒油烧至五六成热,放入牛肉条炒2分钟取出,将黄花菜、柿子椒条下入原油锅炒匀,再放入牛肉炒熟,加精盐、白糖调味即可。

营养小典 此餐可补中益气,强健筋骨。

萝卜炖羊肉

主料 羊肉500克,白萝卜、胡萝卜各150克。

调料 姜片、香菜、精盐、味精、醋各适量。

做法

1. 将羊肉洗净,切块;白萝卜洗净,切块;胡萝卜洗净,切块。
2. 将羊肉块、姜片、精盐放入锅内,加入适量水,大火烧开,改用中火熬煮1小时,再放入萝卜块煮熟,放入香菜、味精调味,食用时,加入少许醋即可。

营养小典 常吃羊肉可以去湿寒、暖心胃、补元阳,对提高孕妈妈的身体素质及抗病能力有益。

主料 黄瓜、平菇、去骨鸡腿肉各100克。

调料 蒜末、精盐、白糖、高汤、食用油各适量。

做法

1.平菇去蒂，洗净；黄瓜洗净切块，氽烫片刻，捞出沥水；去骨鸡腿肉切丁，氽烫至半熟，捞出沥水。

2.锅中倒油烧热，放入蒜末爆香，加入平菇和少许高汤煮沸，加入黄瓜块、鸡腿肉丁，拌炒至熟，加精盐、白糖调味即可。

嫩炒鸡丁

此餐可补充维生素，促进消化，宁心安神。

营养小典

主料 鸡腿300克，猪肉馅、松子各50克。

调料 葱花、姜丝、海鲜酱、酱油、白糖、味精、料酒、食用油各适量。

做法

1.鸡腿洗净，去骨，塞入猪肉馅，再嵌入松子成松子鸡生坯，放入油锅中炸成金黄色。

2.锅中倒油烧热，放入葱花炸香，加入松子鸡生坯、海鲜酱、料酒、酱油、白糖、味精烧至入味，大火收汁，切块装盘，装饰姜丝即可。

松子鸡

此餐开胃健脾，促进消化。

营养小典

三杯鸡

主料 嫩鸡600克。

调料 姜块、蒜片、精盐、酱油、白糖、料酒、香油各适量。

做法

1.嫩鸡洗净，切块，入锅汆烫片刻，捞出，沥干。

2.锅内倒香油烧至六成热，放入姜块煸香，放入鸡块、蒜片翻炒，加入料酒、酱油、白糖、精盐和少许水，盖上锅盖，焖至汤汁收干即可。

做法支招 三杯鸡中的"三杯"是指香油、料酒、酱油各一杯，实际烹调时都应少放一些，饮食清淡些，益于健康。

珍珠酥皮鸡

营养小典 此餐可补血养血，增强体力。

主料 嫩鸡1只（约800克），椰丝5克。

调料 葱段、姜块、八角茴香、精盐、味精、料酒、饴糖、食用油各适量。

做法

1.嫩鸡治净，入沸水锅中，加入葱段、姜块、料酒、八角茴香、精盐、味精，大火煮开，撇去浮沫，加盖转小火烧半小时，捞出沥水，抹上饴糖凉干。

2.锅中倒油烧至八成热，投入鸡炸至金黄色，捞出沥油，将鸡肉片入盘内，撒上椰丝即可。

白菜炒鸭片

主料 🥄 大白菜250克，鸭肉100克。

调料 🧂 精盐、料酒、水淀粉、食用油各适量。

做法 👩‍🍳

1. 将大白菜洗净，切成片；鸭肉切成片，用料酒腌好。

2. 锅内倒油烧热，放入鸭肉片滑至八分熟时倒出。

3. 锅留底油烧热，加入大白菜片，中火炒至快熟时放入鸭肉片，加精盐炒匀，放入水淀粉勾芡，翻炒片刻即可。

> 此餐滋阴养胃，利水消肿。孕妈妈食用能增强身体的免疫功能，提高抗病能力，有利于孕期保健。　营养小典

焦炸乳鸽

主料 🥄 乳鸽600克，鸡蛋1个（约60克）。

调料 🧂 葱姜蒜末、精盐、味精、白糖、醋、酱油、料酒、淀粉、食用油各适量。

做法 👩‍🍳

1. 乳鸽洗净，斩块，加精盐、料酒腌渍入味；鸡蛋磕入碗中打散，加淀粉搅匀成鸡蛋糊。

2. 炒锅倒油烧热，将乳鸽块挂糊，入锅炸至熟，捞出沥油。

3. 锅留底油烧热，放葱姜蒜末爆锅，放入乳鸽块，加精盐、味精、白糖、醋、酱油调味，翻炒均匀即可。

> 鸡蛋糊不宜挂得太厚。　做法支招

八宝鱼头

主料 鲢鱼头1个（约400克），水发香菇、火腿、虾仁、水发海参、水发竹荪、油菜、枸杞子各20克。

调料 葱花、姜片、精盐、味精、白糖、料酒、鲜汤、食用油各适量。

做法

1.鲢鱼头洗净；其他原料均洗净，切成大小一致的块。

2.锅中倒油烧热，放入葱花、姜片爆香，放入鲢鱼头煎一下，加入鲜汤和其他原料，慢火炖熟，加入精盐、味精、白糖、料酒调味即可。

做法支招 火腿已有咸味，所以不必再加盐，以免对肾脏造成负担。

红烧肚档

主料 草鱼1条（约1200克）。

调料 葱段、葱花、姜末、精盐、酱油、味精、白糖、醋、料酒、水淀粉、食用油各适量。

做法

1.草鱼洗净，取腹部肉，切5厘米长、4厘米宽的长方形（取鱼腹部肉切块时，边缘要切整齐）。

2.锅中倒油烧热，放入葱段爆香，放入鱼块稍煎，加入料酒、姜末、酱油、白糖、醋、精盐、味精和适量水，大火烧沸，改用小火炖至收汁，用水淀粉勾芡，撒葱花即可。

营养小典 此餐健脑益智，减压抗疲劳。

茄汁罗非鱼

主料 罗非鱼1条（约800克）。

调料 葱段、姜片、蒜片、番茄酱、精盐、白糖、料酒、淀粉、食用油各适量。

做法

1.罗非鱼洗净，在鱼身两侧剞花刀，加精盐、料酒腌渍30分钟，拍匀淀粉，入热油锅炸至两面金黄色，捞出控油。

2.锅留底油烧热，放入葱段、姜片、蒜片爆香，放入罗非鱼，加白糖、料酒、番茄酱及少许水，烧熟即可。

罗非鱼的肉味鲜美，肉质细嫩，含有多种不饱和脂肪酸和丰富的蛋白质。 `营养小典`

蛋松鲈鱼块

主料 鲈鱼肉200克，鸡蛋黄100克，红椒丝10克。

调料 葱丝、精盐、水淀粉、食用油各适量。

做法

1.鲈鱼肉洗净切块，加精盐、水淀粉抓匀上浆；鸡蛋黄打散。

2.炒锅点火，倒油烧热，倒入鸡蛋黄液，炸成蛋松，摆在盘底。

3.另锅点火，倒油烧热，投入鱼块滑熟，加精盐调味，捞出沥油，放在蛋松上，撒上葱丝、红椒丝即成。

鲈鱼是一种既能补身、又不会造成营养过剩而导致肥胖的营养食材，是健身补血、健脾益气和益体安康的佳品。 `做法支招`

芝麻沙丁鱼

主料 沙丁鱼500克，芝麻20克，面粉适量。

调料 酱油、米醋、食用油各适量。

做法

1.沙丁鱼洗净，撒上面粉，放入油锅中煎至熟透；芝麻炒熟。

2.芝麻、酱油、米醋混合均匀，淋在煎好的鱼上即可。

营养小典 沙丁鱼中的磷脂对胎儿大脑发育具有促进作用。

炒赛蟹

主料 大黄鱼肉250克，鸡蛋2个（约120克），熟鸭蛋黄2个。

调料 葱粒、姜汁、精盐、味精、料酒、水淀粉、清汤、食用油各适量。

做法

1.大黄鱼肉切块，加精盐、水淀粉抓匀上浆；熟鸭蛋黄掰碎；鸡蛋磕碗中打散。

2.炒锅倒油烧热，倒入鸡蛋液炒熟，盛出，再倒入鱼肉块滑透，盛出。

3.另锅倒油烧热，放入葱粒、鱼肉块翻炒片刻，加入料酒、精盐、姜汁、味精和清汤炒匀，放入鸡蛋块、鸭蛋黄炒匀，用水淀粉勾芡即可。

营养小典 此餐味道鲜美，可增强食欲。

主料 鲅鱼肉300克，鸡蛋1个（约60克），面粉适量。

调料 精盐、胡椒粉、黄油、食用油各适量。

做法

1.鲅鱼肉洗净，斜刀切片，用胡椒粉、精盐拌匀，腌渍10分钟左右，裹上一层面粉；鸡蛋磕入碗内搅匀。

2.锅置火上，倒油烧热，鱼片蘸匀鸡蛋糊放锅内，煎至两面呈金黄色，沥去余油，加黄油烹熟，起锅装盘即可。

软煎鲅鱼

此餐补气养血。

营养小典

虾仁炒豆腐

主料 豆腐150克，虾仁100克。

调料 葱花、姜末、精盐、酱油、味精、淀粉、料酒、食用油各适量。

做法

1.将虾仁洗净；豆腐洗净，切丁；将酱油、淀粉、精盐、料酒、葱花、姜末放入碗中，兑成芡汁。

2.锅内倒油烧热，倒入虾仁，用大火快炒几下，再倒入豆腐丁，继续翻炒，倒入芡汁、味精炒匀即可。

虾仁用生蛋白拌匀，炒出来口感鲜嫩，不易老。

做法支招

滑蛋虾仁

营养小典 此餐补钙健骨，健脑益智。

主料 虾仁200克，鸡蛋3个（约180克）。

调料 葱花、精盐、味精、胡椒粉、淀粉、食用油各适量。

做法

1. 将虾仁挑去虾线，漂洗干净，加精盐、味精、胡椒粉、淀粉拌匀腌制10分钟；鸡蛋磕入碗中打散，加葱花、少许水搅匀。

2. 炒锅倒油烧热，加虾仁和鸡蛋一起炒匀即可。

蛋清蘑菇汤

主料 鸡蛋4个（约240克），鲜口蘑100克。

调料 香菜段、精盐、水淀粉、鸡汤、香油各适量。

做法

1. 鲜口蘑洗净，切片，放碗内，加适量鸡汤，上锅蒸熟；鸡蛋煮熟，取出蛋清，切条。

2. 锅内加入鸡汤，放入口蘑片，大火烧开，加入精盐、蛋清条，用水淀粉勾芡，撒香菜段，淋香油即可。

做法支招 鸡蛋黄可以最后加入汤中一起食用。

荷兰豆煮玉米

主料 荷兰豆、玉米粒各100克，西芹、洋葱各30克，腊肉15克。

调料 番茄酱、精盐、味精、高汤、食用油各适量。

做法

1.将西芹、洋葱、腊肉均洗净切条；荷兰豆、玉米粒均洗净。

2.锅中倒油烧热，放入腊肉条、西芹条、洋葱条炒匀，加入高汤和番茄酱，煮开后撇去浮沫，加入玉米粒和荷兰豆煮熟，加精盐、味精调味即可。

> 将玉米切段竖起，再沿玉米粒和玉米棒交接边缘一刀切下，可以很轻松地将玉米粒全部切下来。 **做法支招**

龙须猪肉汤

主料 猪瘦肉、腐竹、龙须菜各50克，莲子20克。

调料 精盐、味精各适量。

做法

1.腐竹、龙须菜分别用清水泡发，腐竹切丝；猪瘦肉洗净，切片。

2.腐竹丝、龙须菜、猪瘦肉片、莲子同入锅中，加适量水煲至熟，调入精盐、味精即成。

> 此汤清热解毒利湿，助消化。 **营养小典**

丝瓜豆腐汤

主料 嫩豆腐、丝瓜各200克，火腿100克。

调料 精盐、味精、料酒、胡椒粉、水淀粉、香油各适量。

做法

1. 嫩豆腐切块，入沸水锅烫片刻，捞出控水；丝瓜去皮洗净，切块；火腿切块。

2. 净锅上火，倒入适量水，加入丝瓜块、火腿块、豆腐块烧沸，用水淀粉勾芡，加入胡椒粉、料酒、精盐、味精调味，淋入香油即成。

做法支招 丝瓜汁水丰富，宜现切现做，以免营养成分随汁水流走。

枸杞猪肝汤

主料 猪肝300克，枸杞子15克。

调料 葱段、姜片、精盐、料酒、食用油各适量。

做法

1. 猪肝洗净，切条；枸杞子用温水泡洗干净。

2. 锅置火上，倒油烧热，放入猪肝条煸炒，烹入料酒，放入葱段、姜片煸炒片刻，注入适量清水，放入枸杞子，煮至猪肝熟透，用精盐调味，盛入汤碗即成。

营养小典 此汤补肝，养血，明目。

主料 老南瓜200克，牛腩150克。

调料 葱段、姜片、精盐、味精、料酒、食用油各适量。

做法

1.老南瓜去皮、去子，洗净，切块；牛腩洗净，切片。

2.锅置火上，倒油烧热，放入葱段、姜片煸香，放入牛腩片翻炒至将熟，烹入料酒，加适量水烧沸，改小火炖至牛腩熟，拣去葱段、姜片，加入南瓜块、精盐、味精调味，继续炖至牛腩熟烂即成。

南瓜牛腩汤

南瓜切开后容易从心部变质，最好将内部掏空，用保鲜膜包好，放入冰箱冷藏，可以存放1周左右。 储存支招

主料 牛肉100克，冬笋、午餐肉各50克，鸡蛋清30克。

调料 香菜末、精盐、味精、胡椒粉、水淀粉、鲜汤、香油各适量。

做法

1.牛肉去筋膜，洗净血水，切成米粒状；冬笋洗净，和午餐肉分别切成米粒状，冬笋入沸水锅汆至断生，捞起控干。

2.炒锅置火上，倒入鲜汤，放入牛肉粒、冬笋粒、午餐肉粒，大火烧沸，加精盐、味精、胡椒粉调味，淋入鸡蛋清，用水淀粉勾薄芡，撒入香菜末，淋香油即可。

西湖牛肉羹

此汤补中益气，滋养脾胃。 营养小典

牛骨莲枣汤

主料 牛骨250克，莲藕150克，红枣5枚。

调料 精盐适量。

做法

1. 牛骨、莲藕均洗净,切块;红枣洗净。
2. 锅置火上，放入适量水煮沸，加入红枣、莲藕块、牛骨块，再沸时撇去浮沫，转小火炖2小时，加精盐调味即可。

做法支招 牛骨较大、较硬，不易炖熟。在买牛骨时可以请卖家把牛骨剁成小块。

萝卜羊肉汤

主料 熟羊肉300克，萝卜200克。

调料 姜片、香菜段、精盐、味精、醋各适量。

做法

1. 熟羊肉洗净,切块;萝卜洗净,切块。
2. 羊肉块、姜片、精盐放入锅内，加适量水，大火烧开，改小火煮至羊肉熟，放入萝卜块煮熟，加入香菜段、精盐、味精、醋，搅匀即可。

营养小典 羊肉温中养胃，健脾润肠。适宜秋季祛寒时食用，可暖胃，增温，补虚壮阳，强身健体。

主料 老鸭1只（约1000克），笋干100克，火腿50克。

调料 姜片、精盐、料酒各适量。

做法

1. 老鸭洗净，切大块，放入沸水锅余烫去血水，捞出沥干；笋干用清水泡发，洗净，切段；火腿切块。

2. 鸭块、笋干段同放入砂锅中，放入火腿块、姜片，加入适量水，倒入料酒，大火烧开，转小火炖2小时，加精盐调味即成。

笋干老鸭煲

此汤健脾开胃，增强食欲。

营养小典

黄颡鱼豆腐汤

主料 黄颡鱼1条（约1000克），豆腐片100克。

调料 葱段、姜片、精盐、料酒、胡椒粉、食用油各适量。

做法

1. 黄颡鱼去鳃和内脏，洗净。

2. 炒锅倒油烧热，放入葱段、姜片、黄颡鱼稍煸炒，加入清水、料酒，烧沸后撇去浮沫，加盖焖至鱼肉熟，加入豆腐片、精盐，撒入胡椒粉即可。

此汤益脾胃，利尿消肿。

营养小典

鲫鱼姜仁汤

主料 鲫鱼500克，姜6克，春砂仁5克。

调料 精盐、味精、香油各适量。

做法

1. 鲫鱼去鳞、去内脏，洗净；春砂仁洗净，沥干，研成末，放入鱼肚；姜去皮，洗净，切丝。

2. 炖盅中放入鲫鱼，再放入姜丝，盖上盅盖，隔水炖2小时，加香油、精盐、味精调味，稍炖片刻即可。

营养小典 鲫鱼含有大量的钙、磷、铁等矿物质，具有和中补虚、除湿利水、补虚羸、温胃进食、补中生气之功效。

福州鱼丸汤

主料 净鳗鱼肉400克，五花肉150克。

调料 精盐、味精、酱油、淀粉、香油、食用油各适量。

做法

1. 净鳗鱼肉剁成蓉，加精盐、味精、淀粉调匀，搅打上劲；五花肉剁成肉馅，倒入油锅，加酱油、香油调味，炒香盛出；将鱼糊中间填入少许五花肉，挤成鱼丸。

2. 锅内倒适量水，放入鱼丸，中火煮熟，加精盐、味精调味即可。

营养小典 鳗鱼富含多种营养成分，具有补虚养血、祛湿等功效。

主料 黄鱼1条（约1000克），豆腐200克，桔梗20克。

调料 香菜、精盐、香油各适量。

做法

1.黄鱼去鳃、去鳞、去内脏，冲洗干净；桔梗洗净；豆腐切块，用沸水烫片刻。

2.砂锅内倒入适量水，放入豆腐块，加入桔梗、黄鱼、精盐，大火煮沸，转小火煲至熟，加香油、香菜调味即可。

豆腐煲黄鱼

此汤利五脏，补气血，补五劳，养气。 营养小典

主料 杜仲1克，苋菜250克，银鱼100克，猪肉丝25克。

调料 精盐、水淀粉、高汤各适量。

做法

1.将苋菜择好洗净，切小段。

2.锅内倒入高汤烧开，放入杜仲、苋菜段、银鱼、猪肉丝煮滚，加精盐调味，用水淀粉勾薄芡即可。

银鱼苋菜汤

脾胃虚寒者忌食；平素胃肠有寒气、易腹泻的人也不宜多食。 饮食宜忌

萝卜珍珠贝汤

主料 白萝卜150克，珍珠贝肉100克，胡萝卜、香菇、小油菜各25克。

调料 精盐、味精、高汤各适量。

做法

1. 白萝卜、香菇均洗净切丝；胡萝卜洗净切片；小油菜洗净掰开；珍珠贝肉洗净。

2. 锅中倒入高汤烧沸，加入白萝卜丝、胡萝卜片，大火煮沸，放入香菇丝、小油菜、珍珠贝肉，加精盐、味精调味，煮3分钟即可。

做法支招 贝肉如果买新鲜的一定要买活的，以免里面的毒素对孕妇和胎儿产生不好的影响。

燕麦紫米粥

主料 红豆、花生仁各25克，燕麦、紫米各75克。

调料 红糖、冰糖各适量。

做法

1. 红豆、紫米分别洗净，用水浸泡1小时，捞出沥干；燕麦淘洗干净；花生仁洗净，剥去红衣。

2. 锅中倒入适量水，放入所有原料，大火煮沸，转小火煮至粥熟豆烂，加红糖、冰糖调味即可。

营养小典 此粥清热利水，补血养血，润肠通便。

主料 板栗、核桃各50克，大米100克。

做法

1.将核桃去壳；板栗去皮；大米淘洗干净。

2.锅中倒适量水，放入大米、核桃、板栗，大火煮沸，转小火煮至粥成即可。

板栗核桃粥

这道粥品对孕期因脾肾不足所导致的阴道出血、头晕耳鸣、小便频数等症状有很好的食疗作用。

营养小典

主料 小米200克，大米100克，绿豆、花生米、红枣、核桃仁、葡萄干各50克。

做法

1.小米、大米分别淘洗干净；绿豆淘洗干净，浸泡30分钟；花生米、核桃仁、红枣、葡萄干分别淘洗干净。

2.绿豆放入锅内，加水煮至七成熟，放入大米、小米、花生米、核桃仁、红枣、葡萄干，搅拌均匀，开锅后改用小火煮烂即可。

什锦甜粥

此粥健脾和胃，滋补养身。

营养小典

山药蛋黄粥

主料 山药100克，熟鸡蛋黄3个。

做法

1. 将山药切块，晾干，研成细粉，用凉开水调成山药浆；熟鸡蛋黄碾碎。
2. 将山药浆倒入锅内，置小火上，不断用筷子搅拌，煮2~3分钟，加入鸡蛋黄，继续煮熟即可。

营养小典 山药健脾养胃，可固气血，有营养但热量极低，脾胃虚弱、担心体重的孕妈妈应该多食。

鸡肝小米粥

主料 鸡肝50克，小米100克。

调料 精盐、味精各适量。

做法

1. 将鸡肝洗净，切块；小米淘洗干净。
2. 锅中倒入适量水，放入小米煮沸，加入鸡肝块煮至将熟，放入精盐、味精调味，煮至鸡肝熟即可。

饮食宜忌 鸡肝要熟透方可食用。

主料 面粉、烤红薯各150克，红小豆100克，奶粉50克。

调料 白糖、奶油、食用油各适量。

做法

1.红小豆洗净浸泡约1小时，沥干后放入锅中煮成红豆沙。

2.烤红薯去皮后压成泥，加入面粉、白糖、奶油、奶粉和少许水揉成团状，分割成8~10等份。

3.将红薯面团用手掌压扁，包入适量红豆沙馅，收口捏紧后稍压成扁圆形，依此法做完后，将红薯豆沙饼放入平底锅中，用少许油煎至酥黄即成。

红薯豆沙饼

此饼保肝养胃，帮助消化。

营养小典

主料 葡萄250克，鸡蛋清、面粉各适量。

调料 白糖、淀粉、食用油各适量。

做法

1.葡萄洗净，投入开水中略烫取出，剥皮去籽，拍上面粉；鸡蛋清打入碗内，加入适量淀粉搅打均匀，制成蛋白糊。

2.炒锅点火，倒油烧热，将葡萄挂匀蛋白糊，入油锅炸至浅黄色，捞出沥油。

3.净锅上火，加入适量清水和白糖，炒至糖变色能拉出丝时，放入炸好的葡萄，挂匀糖浆，盛入盘中即可。

拔丝葡萄

此餐可清热解毒，提高免疫力。

营养小典

红豆养生豆奶

主料 红豆、糯米、黑芝麻各20克。
调料 红糖适量。

做法

1. 红豆洗净，用清水浸泡3小时，与糯米一起煮成红豆糯米饭,取出放凉。
2. 将饭与红糖、黑芝麻同倒入果汁机中，加入适量冷开水，搅打均匀，再加入适量冷开水调成豆奶，将豆奶倒入锅中，小火搅拌煮开即成。

营养小典 此粥补血养血，补钙壮骨。

香蕉栗子豆浆

主料 香蕉、栗子各50克，豆浆150毫升。
调料 蜂蜜适量。

做法

1. 香蕉洗净，去皮;栗子入锅煮熟，剥皮。
2. 栗子与香蕉一起放入榨汁机中打匀，倒入盛器中;豆浆烧沸，倒入果汁中，加入蜂蜜，调匀即可。

营养小典 此汁补钙健骨，润肠通便。

Part 3

孕晚期
营养美食

香蕉土豆泥

主料 香蕉200克，土豆、草莓各50克。

调料 蜂蜜适量。

做法

1.将土豆去皮洗净，放入锅中蒸至熟软，取出压成泥，凉凉；香蕉去皮，切块，捣成泥；草莓洗净，切粒。

2.将香蕉泥与土豆泥混合，搅拌均匀，镶上草莓粒，淋上蜂蜜即可。

做法支招 将草莓泡在淡盐水里10分钟左右，然后放在水龙头下用水冲洗干净，才能将残留农药完全清除。

牛蒡萝卜片

主料 牛蒡、红心萝卜、黄瓜各100克。

调料 生抽、味精、白糖、白醋、冰糖各适量。

做法

1.牛蒡、红心萝卜均洗净，去皮切片；黄瓜洗净，切片，一起入沸水锅中焯至断生，捞出，沥干水分，放入大碗中，加入白糖、白醋、味精、生抽稍腌。

2.炒锅上火，加水适量，放入冰糖，烧开后冷却，倒入大碗中，拌匀即可。

营养小典 此餐开胃健脾，通便排毒。

主料 大白菜、魔芋丝各100克。

调料 香菜末、精盐、白糖、醋、香油各适量。

白菜魔芋沙拉

做法

1. 大白菜剥开洗净，放入沸水锅焯烫片刻，捞出沥水，切丝；魔芋丝用水冲洗一下，放入沸水中烫熟，捞起沥干。

2. 将大白菜丝、魔芋丝同倒入碗中，加精盐、白糖、醋、香油混合拌匀，撒少许香菜末即可。

魔芋爽口、热量低，但是所含营养也低，孕妈妈不可用它来代替主食。

营养小典

主料 荷兰豆200克，冬笋100克。

调料 精盐、味精、白糖、蚝油、香油各适量。

冬笋拌荷兰豆

做法

1. 荷兰豆掐去两头尖角，洗净，切丝；冬笋洗净，沥干，切丝。

2. 锅中倒水烧沸，放入冬笋丝、荷兰豆焯烫约3分钟，捞出沥干。

3. 荷兰豆、冬笋同放入大碗中，加入精盐、味精、白糖、蚝油、香油，拌匀即可。

此餐益脾和胃、生津止渴。

营养小典

猪肝拌黄瓜

主料 猪肝、嫩黄瓜各100克，海米15克。

调料 香菜段、精盐、酱油、醋、味精、花椒油各适量。

做法

1. 将猪肝洗净，放入锅中煮熟，切片；海米用开水泡发，洗净；嫩黄瓜洗净，切片。

2. 将猪肝片、黄瓜片、海米同放入大盆中，撒上香菜段，加入酱油、花椒油、醋、味精、精盐，拌匀即可。

营养小典 此餐补铁补血，提高免疫力。

水晶鸭方

主料 鸭脯肉、火腿丁各150克，琼脂5克。

调料 精盐、味精、清汤各适量。

做法

1. 熟鸭脯肉切块，摆放在平盘中，间距为3厘米。

2. 琼脂加清汤熬成水晶冻，加精盐、味精调味后倒入盛鸭的平盘中，撒上火腿丁，冷后改刀即可。

营养小典 此餐可宁心静气，益志安神。

主料 番茄300克，鸡蛋1个（约60克），面粉50克。

调料 白糖、淀粉、食用油各适量。

做法

1.番茄洗净，用开水略烫，去皮、去子，切成略厚的片，两面蘸上淀粉；面粉加水、鸡蛋调匀成面糊。

2.锅中倒油烧至四五成热，将番茄片蘸上面糊，放入油锅中炸成金黄色，捞出装盘，蘸白糖食用。

酥炸番茄

炸前挂糊时要挂严，油温不宜过高。

做法支招

扒鲜芦笋

主料 鲜芦笋500克。

调料 葱花、精盐、味精、料酒、水淀粉、鸡汤、香油、食用油各适量。

做法

1.将鲜芦笋去掉老根和皮，洗净，放入沸水中焯烫片刻，捞出沥水。

2.锅中倒油烧热，放葱花爆香，烹入料酒，加鸡汤、味精、芦笋，烧沸，用水淀粉勾芡，加入精盐、香油即可。

芦笋富含胡萝卜素、蛋白质、水分和膳食纤维，有增强免疫力，健脾开胃，增进食欲的作用。

营养小典

蚕豆玉米笋

主料 玉米笋200克，蚕豆50克，胡萝卜25克。

调料 葱姜末、精盐、味精、白糖、食用油各适量。

做法

1. 胡萝卜洗净，切条；玉米笋、蚕豆均洗净。

2. 锅置火上，倒油烧热，放入葱姜末爆香，放入玉米笋、蚕豆、胡萝卜条炒匀，倒入适量水焖5分钟，加入精盐、味精、白糖调味，烧至汤汁略收干，出锅即成。

营养小典 此餐可润肠通便，促进胎儿发育。

海米冬瓜

主料 冬瓜250克，海米25克。

调料 蒜末、精盐、味精、香油、食用油各适量。

做法

1. 冬瓜去皮、去瓤，洗净切片；海米用温水浸泡洗净。

2. 净锅上火，倒油烧热，放入蒜末爆香，加入冬瓜片，小火炒至八成熟，投入海米，调入精盐、味精，大火炒至熟，淋入香油，装盘即可。

营养小典 此餐润肺生津，化痰止渴。

[主料] 玉米粒、胡萝卜各100克，松仁、青豆各50克。

[调料] 精盐、味精、水淀粉、食用油各适量。

[做法]

1. 将玉米粒、青豆均洗净，放入沸水锅中汆烫片刻，捞出沥水；胡萝卜洗净，切丁。

2. 锅内倒油烧热，倒入松仁，稍变色即捞出控油。

3. 锅留底油烧热，放入玉米粒、胡萝卜丁、青豆翻炒均匀，加精盐、味精炒匀，用水淀粉勾芡，撒上松仁翻炒片刻即可。

黄金三宝

炸松仁不要用大火，以免炸煳。 [做法支招]

[主料] 莲藕、胡萝卜、甜豆、木耳各100克。

[调料] 精盐、味精、生抽、香油、食用油各适量。

[做法]

1. 甜豆洗净，切长条；莲藕洗净，切薄片；木耳泡发，洗净，撕成小朵；胡萝卜洗净，切块。

2. 炒锅倒油烧热，放入全部原料、生抽一起翻炒至熟，加精盐、味精炒匀，淋上香油装盘即可。

田园小炒

木耳含有钙、磷、镁、钾、铁等多种矿物质，经常食用有助于降糖降压。 [营养小典]

胡萝卜烧蘑菇

主料 胡萝卜150克，蘑菇50克，黄豆、西蓝花各30克。

调料 精盐、味精、白糖、清汤、食用油各适量。

做法

1. 胡萝卜洗净去皮，切块；蘑菇洗净，切片；黄豆泡6小时，蒸熟；西蓝花洗净，掰成小朵。

2. 锅中放油烧热，放入胡萝卜块、蘑菇片翻炒片刻，倒入清汤，中火煮至胡萝卜块熟烂，放入黄豆、西蓝花，加精盐、味精、白糖调味即可。

营养小典 此餐健脾和胃，补肝明目。

香菇白菜冬笋

主料 白菜200克，干香菇、冬笋各25克。

调料 葱花、精盐、味精、食用油各适量。

做法

1. 将白菜洗好，切段；干香菇用温水泡开，择去蒂，切成小块；冬笋洗净，切片。

2. 锅内倒油烧热，放入白菜段翻炒片刻，加入适量水，放入香菇块、冬笋片，大火烧开，加精盐、味精调味，转小火焖软，撒葱花即可。

选购支招 选购干香菇时要注意选择饱满、完整、根部泥沙较少的。

主料 香菇250克，松仁50克。

调料 精盐、味精、白糖、胡椒粉、清汤、食用油各适量。

香菇炒松仁

做法

1. 香菇用温水泡发，去蒂洗净，入热水中烫片刻，捞出，挤去水分；松仁入锅炒香。

2. 锅置火上，倒油烧热，放入香菇炸透，捞出，放入漏勺中沥去油。

3. 锅内倒入清汤，加精盐、味精、胡椒粉、白糖、香菇，小火慢炖，待汁收浓将干，倒入松仁炒匀即成。

此餐可降血压，润肺止咳，润肠通便。

营养小典

主料 嫩南瓜300克，细米粉50克。

调料 葱姜末、精盐、味精、白糖、食用油各适量。

米粉蒸南瓜

做法

1. 嫩南瓜去皮、去瓤，洗净，切块；细米粉用热水泡透。

2. 南瓜块、米粉、葱姜末、白糖、精盐、味精、食用油同放入碗中，入蒸锅大火蒸熟，翻扣在盘中即成。

此餐可润肠通便，调理消化系统。

营养小典

香椿豆腐

主料 豆腐300克，香椿30克。

调料 精盐、味精、蚝油、食用油各适量。

做法

1. 豆腐洗净，切片，放入平底煎锅中煎至两面呈金黄色，盛出装盘；香椿洗净，切丁。

2. 锅置火上，倒油烧热，放入香椿丁炒香，加入蚝油、精盐、味精和少许水煮沸成香椿酱汁，淋在煎好的豆腐片上即成。

营养小典 此餐可补钙壮骨，润肠通便。

浇汁豆腐排

主料 嫩豆腐150克，蟹味菇、香菇、绿柿椒、红柿椒各25克。

调料 精盐、味精、黄油各适量。

做法

1. 将蟹味菇撕开；香菇和绿柿椒、红柿椒均洗净，切丝；嫩豆腐切大片。

2. 锅中放入黄油烧热，放入豆腐片煎至两面呈金黄色，捞出盛盘中。

3. 锅中再放入黄油烧热，倒入除豆腐外所有原料翻炒均匀，加精盐、味精调味炒匀，淋到豆腐片上即可。

饮食宜忌 菌类要充分煮熟后才能食用，否则易引发腹痛。

主料 豆腐200克，鲜香菇、番茄、玉米笋、油菜各50克。

调料 精盐、高汤各适量。

做法

1.豆腐切片；玉米笋用水冲洗干净；鲜香菇、油菜洗净；番茄洗净，切块。

2.高汤倒入煲锅中煮沸，加入上述所有原料炖煮至熟，加精盐调味即可。

豆腐煲

此餐可补钙壮骨，补充多种维生素。

营养小典

主料 五香豆腐干200克，冬菇、冬笋各100克。

调料 酱油、味精、水淀粉、香油、食用油各适量。

做法

1.五香豆腐干、冬菇分别洗净，切丝；冬笋去皮，洗净切丝。

2.炒锅倒油烧热，放入三丝炒匀，加酱油、味精调味，淋入少许清水，烧沸略煮，用水淀粉勾芡，出锅装盘，淋入香油即成。

素三丝

也可以加入孕妈妈喜欢吃的其他食材。

做法支招

裙带菜炖豆腐

主料 豆腐200克，水发裙带菜100克。

调料 葱花、精盐、味精、花椒粉、水淀粉、食用油各适量。

做法

1.水发裙带菜洗净，切段；豆腐洗净，切块。

2.锅中倒油烧热，放入葱花、花椒粉炒香，加入豆腐块和裙带菜段炒匀，加适量水炖熟，加精盐、味精调味，用水淀粉勾芡即可。

营养小典 裙带菜具有营养高、热量低的特点，能降脂，清理肠道，保护皮肤，延缓衰老。

春笋蛋丁

主料 春笋150克，鸡蛋2个（约120克）。

调料 葱段、精盐、香油、食用油各适量。

做法

1.春笋洗净切丁；鸡蛋磕入碗中打散。

2.锅置火上，倒油烧热，投入笋丁煸炒数下，出锅凉凉，再与葱段同放入蛋液中搅匀。

3.另锅倒油烧热，倒入鸡蛋液搅炒，待蛋液裹满笋丁，加精盐、香油翻炒均匀即成。

选购支招 挑选春笋时看笋节，鲜笋的节与节之间越是紧密，肉质也就越为细嫩。

主料 鸡蛋3个（约180克），胡萝卜、金针菇各50克。

调料 精盐、味精、水淀粉、食用油各适量。

做法

1. 将胡萝卜洗净，切片；金针菇清水泡发，洗净，去根；鸡蛋打入碗内，加少许精盐、味精搅匀。

2. 锅中倒油烧热，倒入鸡蛋液炒熟，取出，再加少许油烧热，放入胡萝卜片、金针菇略炒，加入鸡蛋炒匀，调入精盐、水淀粉稍炒即可。

胡萝卜煎蛋

此餐可温中益气，润肠通便。

营养小典

桂花素鱼翅

主料 白萝卜、粉丝、熟鸡蛋黄粒各100克。

调料 精盐、味精、料酒、淀粉、清汤各适量。

做法

1. 白萝卜洗净，切丝，焯水后拍上淀粉，再入沸水锅稍烫即捞出；粉丝烫熟，加精盐、味精调味。

2. 锅置火上，放入少许清汤、料酒、白萝卜丝、熟鸡蛋黄粒烧开，加精盐、味精调味，装盘，与粉丝拌匀即可。

此餐可增强食欲，提高免疫力。

营养小典

虾皮鸡蛋

主料 虾皮50克，鸡蛋2个（约120克），豆腐100克。

调料 葱花、精盐、食用油各适量。

做法

1. 虾皮用清水洗一下，沥干；鸡蛋磕入碗内，搅打成蛋液；豆腐切块，放入开水中焯片刻，捞出沥干。

2. 锅中倒油烧热，放入葱花炝锅，加入适量水、豆腐块、虾皮烧开，淋入鸡蛋液,锅开后加精盐调味即可。

营养小典 鸡蛋富含DHA和卵磷脂、卵黄素，对神经系统和身体发育有利，能健脑益智，改善记忆力，并促进肝细胞再生。

什锦烤鲜蛋

主料 鸡蛋3个（约180克），肉末、胡萝卜末、芹菜末各50克。

调料 精盐、胡椒粉、高汤各适量。

做法

1. 鸡蛋磕入碗中打散，加肉末、胡萝卜末、芹菜末、精盐、胡椒粉拌匀，再加入高汤搅拌，倒入烤盒中。

2. 烤箱先以200℃预热10分钟，放入烤盒，高火烤18分钟即成。

营养小典 此餐可促进胎宝宝发育。

糖醋韭菜煎蛋

主料 鸡蛋3个（约180克），韭菜、肉末各50克，番茄丁20克。

调料 精盐、白糖、醋、水淀粉、食用油各适量。

做法

1. 韭菜洗净，切段，倒入热油锅，加肉末翻炒至变色，盛出；鸡蛋磕入碗中打散，加入肉末韭菜调匀；精盐、白糖、醋、水淀粉调匀成味汁。
2. 平底锅倒油烧热，倒入鸡蛋液煎成饼状，盛出切条，重新入锅，倒入味汁裹匀，摆盘，撒上番茄丁即成。

此餐可温中行气，健胃提神。

营养小典

肉片春笋

主料 春笋300克，瘦猪肉200克。

调料 葱段、精盐、味精、酱油、胡椒粉、料酒、水淀粉、食用油各适量。

做法

1. 瘦猪肉洗净，切片；春笋洗净，切片。
2. 锅置火上，倒油烧热，投入葱段炝锅，放入猪肉片、笋片，煸炒数下，加入酱油、料酒、精盐、胡椒粉，继续炒至肉熟，调入味精，用水淀粉勾芡，炒匀即可。

此餐可提高肌体的免疫力，增强抵抗力。

营养小典

金蒜五花肉

主料 五花肉300克。

调料 炸蒜蓉、葱末、精盐、味精、淀粉、食用油各适量。

做法

1. 五花肉洗净切片，加精盐拌匀腌渍30分钟，放入沸水锅汆去血水，捞出沥干，拍匀淀粉。

2. 锅中倒油烧热，放入肉片炸至金黄色，捞出沥油。

3. 锅留底油烧热，放入葱末爆香，加肉片炒匀，加精盐、味精调味，出锅装盘，撒上炸蒜蓉即可。

做法支招 给肉片上淀粉的时候用刀背轻拍，可以让肉质滑嫩入味。

焦熘里脊

主料 猪里脊肉200克，鸡蛋1个（约60克），青椒、红椒各15克。

调料 葱姜末、精盐、味精、酱油、白醋、淀粉、食用油各适量。

做法

1. 将猪里脊肉切条，加精盐、味精、鸡蛋液、淀粉抓匀，入热油锅炸金黄后捞出；青椒、红椒切条。

2. 酱油、白糖、味精、水淀粉同放碗中调匀，制成芡汁。

3. 锅留底油烧热，放入葱姜末爆香，烹入白醋，放入青椒条、红椒条煸炒片刻，放入炸好的里脊条，倒入芡汁翻挂均匀即可。

营养小典 此餐可补虚强身，滋阴润燥。

主料 腊肉、蒜薹各150克。

调料 精盐、味精、醋、水淀粉、食用油各适量。

做法

1. 将腊肉用温水洗净，入笼蒸30分钟，取出放凉，切条；蒜薹切段。

2. 锅中倒油烧热，放入腊肉条、蒜薹段炒至变色，加入精盐、适量水，小火焖3分钟，加入醋、味精调味，用水淀粉勾芡即可。

蒜薹腊肉

腊肉本身带有咸味，所以要斟酌个人口味后再放盐。

做法支招

玉米炒蛋

主料 鸡蛋2个（约120克），玉米粒、火腿、青豆、胡萝卜各20克。

调料 葱花、精盐、食用油各适量。

做法

1. 胡萝卜去皮洗净，切丁，与玉米粒、青豆同入沸水锅煮熟，捞出沥水；鸡蛋磕入碗中打散；火腿切丁。

2. 炒锅倒油烧热，倒入鸡蛋液炒至凝固，盛出。

3. 原锅倒油烧热，放入玉米粒、胡萝卜丁、青豆和火腿丁，翻炒至出香，放入鸡蛋块，加精盐调味，撒入葱花即成。

最好使用新鲜玉米粒烹制。

做法支招

生炒牛肉丝

主料 嫩牛肉、莴苣各200克。

调料 葱丝、姜末、精盐、味精、料酒、水淀粉、鲜汤、食用油各适量。

做法

1. 嫩牛肉洗净，切丝，加入精盐、水淀粉抓匀上浆，腌渍20分钟；莴苣去皮，洗净，切丝。

2. 锅置火上，倒油烧至七成热，放入葱丝、姜末爆香，放入牛肉丝煸炒至肉丝变色，烹入料酒，倒入莴苣丝、精盐翻炒均匀，加少许鲜汤翻炒片刻，放入味精炒匀，出锅即成。

营养小典 此餐可调理气血，开胃健脾。

酥炸牛肉

主料 牛肉400克，面粉50克，鸡蛋清30克。

调料 花椒盐、精盐、味精、淀粉、食用油各适量。

做法

1. 牛肉洗净，切成大片，撒上少许面粉；鸡蛋清放在碗中打发至起泡（以将筷子放入糊内不倒为准），放入淀粉、精盐、味精搅匀。

2. 锅中倒油烧至五六成热，放入裹匀蛋清糊的牛肉片炸熟，再放入盘中码好，蘸花椒盐食用即成。

营养小典 此餐可补中益气，增强体力。

[主料] 牛里脊200克，松仁25克，鸡蛋1个（约60克）。

[调料] 精盐、胡椒粉、淀粉、食用油各适量。

[做法]

1. 牛里脊洗净，用刀背拍松，加精盐、胡椒粉腌制入味；鸡蛋磕入碗中打匀；将牛里脊片拍匀淀粉，裹匀蛋液，蘸匀松仁，压实。

2. 炒锅倒油烧熟，放入牛柳炸至外黄酥脆，捞出沥油，改刀切条即可。

松仁牛柳

松仁有很好的软化血管、延缓衰老的作用。

[营养小典]

[主料] 羊里脊肉200克，黄瓜片、胡萝卜片各30克，牛奶适量。

[调料] 葱姜末、蒜片、精盐、味精、淀粉、食用油各适量。

[做法]

1. 羊里脊肉洗净，切片，用牛奶浸泡20分钟，加入淀粉抓匀上浆。

2. 锅中倒油烧热，放入羊肉片滑熟，捞出沥油。

3. 锅留底油烧热，放入葱姜末、蒜片略炒，加入羊肉片、黄瓜片、胡萝卜片、精盐、味精翻炒均匀即可。

滑炒羊肉

暑热天或发热患者应慎食羊肉。

[饮食宜忌]

牙签羊肉

主料 羊后腿肉400克，鸡蛋1个（约60克），芝麻10克，干净牙签数根。

调料 姜末、精盐、味精、料酒、淀粉、食用油各适量。

做法

1. 将羊后腿肉洗净，去除筋膜，切块，用姜末、芝麻、精盐、味精、料酒、鸡蛋液抓匀，腌渍入味，再放入淀粉拌匀，用干净牙签穿起来。

2. 锅中倒油烧热，放入串好的羊肉块炸至金黄色，捞出沥干油，装盘即可。

做法支招 用厨房专用吸油纸吸去羊肉串表面的多余油分，可以避免摄入过多油分而发胖。

胡萝卜兔丁

主料 胡萝卜、兔肉各150克。

调料 精盐、味精、酱油、料酒、食用油各适量。

做法

1. 兔肉、胡萝卜均洗净，切丁。

2. 炒锅点火，倒油烧热，放入兔肉丁炒至断生变白，加入精盐、胡萝卜丁，烹入料酒、酱油翻炒至熟，调入味精炒匀即可。

营养小典 此餐可健脾和胃、清热解毒。

主料　鸡脯肉300克，面粉50克，鸡蛋1个（约60克）。

调料　葱姜汁、精盐、味精、料酒、淀粉、食用小苏打、食用油各适量。

做法

1. 鸡脯肉切成片，用葱姜汁、精盐、味精、料酒、蛋液腌渍20分钟。

2. 鸡蛋磕入碗中，加淀粉、面粉、食用小苏打、食用油调成脆皮糊。

3. 锅置火上，倒油烧至七成热，取鸡片放入糊中，挂匀糊，放入油锅炸成金黄色即可。

脆皮鸡片

此餐可滋养孕妇气血。

营养
小典

玉骨鸡脯

主料　鸡脯肉200克，冬笋100克，鸡蛋清30克。

调料　番茄酱、精盐、味精、水淀粉、食用油各适量。

做法

1. 鸡脯肉洗净，切成片，加精盐、水淀粉、鸡蛋清上浆；冬笋切成条；将鸡片裹住冬笋条。

2. 锅中倒油烧热，放入裹好鸡片的冬笋条炸至浮起，捞出沥油。

3. 锅留底油烧热，倒入番茄酱、精盐、味精炒匀，倒入鸡卷，翻炒均匀即可。

鸡片要裹紧冬笋条，否则炸制时易散开。

做法
支招

烤鸡翅

主料 鸡翅300克。

调料 葱段、姜片、孜然、精盐、味精、蜂蜜、料酒各适量。

做法

1.将鸡翅洗净，加入精盐、味精、料酒、孜然、葱段、姜片，腌渍1小时。

2.将鸡翅摆放好，待烤箱预热后，放入鸡翅以200℃的温度烤7分钟后取出，均匀地抹上蜂蜜，再放入烤箱烤5分钟，取出再刷一层蜂蜜，入烤箱再烤2分钟即可。

营养小典 鸡翅有温中益气、补精添髓、强腰健胃等功效，对孕妈妈很有好处。

山杞煲乌鸡

主料 乌鸡600克，山药50克，枸杞子10克。

调料 姜片、精盐、料酒、清汤、香油各适量。

1.乌鸡洗净，放入沸水锅汆煮一下，捞出控干水分；山药去皮洗净，切片；枸杞子洗净。

2.乌鸡、山药片、枸杞子、姜片、清汤一起放入炖锅中，滴入少许香油，小火炖2小时，加精盐、料酒调味即可。

做法支招 炖汤用的乌鸡可选择2岁左右的，炖出的汤富有营养，而且更加清甜。

熟炒烤鸭片

主料 烤鸭肉200克，洋葱、青椒各100克。

调料 甜面酱、精盐、味精、水淀粉、食用油各适量。

做法

1. 烤鸭肉切成片；洋葱、青椒切成片。
2. 锅置火上，倒油烧热，放入烤鸭片滑油，盛出。
3. 锅留底油烧热，加甜面酱、精盐、味精调味，用水淀粉勾芡，倒入烤鸭肉片、洋葱、青椒片炒匀，装盘即可。

如果家中没有烤鸭，也可以用鸭脯肉烹调此菜肴。 **做法支招**

白炒鱼片

主料 草鱼肉200克，黄瓜片、木耳各100克。

调料 葱姜蒜末、精盐、酱油、香醋、料酒、食用油各适量。

做法

1. 草鱼肉洗净，斜刀片成片，加精盐、料酒、水淀粉拌匀上浆。
2. 炒锅倒油烧热，投入鱼片滑炒至熟，捞出沥油。
3. 锅留底油烧热，放入葱姜蒜末、黄瓜片、木耳炒香，放入鱼片、精盐、香醋、料酒、酱油，翻炒均匀即可。

此餐含有丰富的不饱和脂肪酸。 **营养小典**

玉米鱼粒

主料 玉米粒200克，草鱼肉100克，青豆50克，鸡蛋清30克。

调料 精盐、味精、食用油各适量。

做法

1. 草鱼肉洗净，切丁，加精盐、味精、鸡蛋清抓匀上浆，倒入八成热油锅中滑散，捞出控油；玉米粒、青豆分别洗净，入沸水锅焯片刻，捞出。

2. 炒锅上火，倒油烧热，放入草鱼粒、玉米粒、青豆一同炒熟，用精盐、味精调味即可。

营养小典 此餐可预防妊娠高血压综合征。

鸡汁玉翠鱼丸

主料 草鱼肉200克，番茄、水发木耳、荸荠各50克，鸡蛋清30克。

调料 精盐、味精、白糖、水淀粉、鸡汤、食用油各适量。

做法

1. 草鱼肉洗净，剁成蓉，加料酒、鸡蛋清搅拌上劲；荸荠去皮洗净，切块；番茄洗净，切块；水发木耳洗净，撕成小朵。

2. 锅中倒油烧热，放入鸡汤、精盐、味精、白糖烧沸，将鱼肉蓉挤成鱼丸，入锅煮至浮起，加入荸荠块、木耳、番茄块煮沸，用水淀粉勾芡即成。

营养小典 此餐可滋阴利水，清热消肿。

主料 🥄 鲢鱼中段500克，番茄酱100克，面粉适量。

调料 🧂 精盐、白糖、米醋、水淀粉、食用油各适量。

做法 🍴

1. 鲢鱼肉洗净，两面剞"井"字花刀，用精盐腌20分钟，拍上面粉。

2. 净锅倒油，烧至八成热，将鱼放锅内炸至金黄色，捞出入盘。

3. 番茄酱、米醋、白糖放锅内炒匀，加入水淀粉勾芡，浇在炸好的鱼上即可。

茄汁鲢鱼

营养小典

此餐补脾益气，暖胃。

主料 🥄 银鳕鱼300克，河北冬菜、粉丝各50克。

调料 🧂 葱花、豉油汁、味精、食用油各适量。

做法 🍴

1. 粉丝用热水烫软，捞出沥水；将河北冬菜入油锅中炒香，加味精调味后盛出。

2. 将冬菜、粉丝放在银鳕鱼上，上笼蒸6~7分钟，出笼，淋入少许豉油汁，撒上葱花即可。

冬菜蒸鳕鱼

做法支招

银鳕鱼加工时，最好剞上花刀，这样既好看，又入味。

黄豆酥蒸鳕鱼

主料 银鳕鱼300克，黄豆、榨菜各50克。

调料 香菜末、葱花、豉油汁、精盐、味精、食用油各适量。

做法

1.将黄豆切碎，入油锅中用小火慢炒，至水分蒸干，调入精盐、味精炒成豆酥；榨菜洗净，切碎，用水漂洗干净。

2.将豆酥、榨菜末放在银鳕鱼上，上笼蒸6~7分钟，出笼，淋入少许豉油汁，撒上香菜末、葱花即可。

做法支招 炒黄豆时要用小火慢炒，一定要将水分炒干，这样黄豆才酥。

虾仁豆腐

主料 豆腐200克，虾仁100克，青豆10克。

调料 花椒粉、精盐、味精、水淀粉、香油各适量。

做法

1.豆腐洗净，切成正方块；虾仁洗净，剁成虾泥；花椒粉、精盐、味精、香油、水淀粉调匀成芡汁。

2.每块豆腐中间挖去一部分，填入虾泥，上面摆粒青豆，摆放在盘内，放入烧沸的蒸锅蒸熟。

3.锅中倒入芡汁烧沸，淋在蒸熟的豆腐块上即可。

营养小典 此餐补钙壮骨，健脾开胃。

翡翠虾仁

主料 青虾300克，黄瓜100克。
调料 精盐、味精、料酒、清汤、食用油各适量。

做法

1. 青虾去皮、去虾线，洗净，加少许精盐、料酒腌制20分钟；清汤、料酒、精盐、味精在碗内兑成味汁。
2. 黄瓜洗净，切片，用刀挖去中间的瓜瓤，将虾仁从尾部穿进去，让黄瓜紧套在虾仁上，依次穿好。
3. 锅内倒油烧热，倒入穿好的虾仁翻炒均匀，烹入味汁，炒匀即可。

虾不宜与富含鞣酸的水果同食，如葡萄、石榴、山楂、柿子等。 饮食宜忌

海参烧木耳

主料 水发海参100克，水发木耳200克。
调料 葱段、姜片、精盐、鸡汤、食用油各适量。

做法

1. 水发海参洗净，顺切薄片；水发木耳洗净，去杂质及蒂根，撕成小朵。
2. 锅置火上，倒油烧至六成热，下葱段、姜片爆香，加入海参片、木耳、精盐炒匀，烹入鸡汤，用小火煮25分钟，收汁装盘即可。

此餐补肝肾，益气血，增强免疫力。 营养小典

红苋绿豆汤

主料 红苋菜100克，绿豆50克。

调料 精盐、味精各适量。

做法

1. 将红苋菜洗净，切段；绿豆洗净，用水浸泡2小时。

2. 锅中加入绿豆和适量水，煮至豆皮裂开，加入苋菜段，调入精盐、味精，煮至再开锅即可。

营养小典 孕妈妈到了预产期不妨多喝此汤，临产前喝有助于顺产。

罗汉斋

主料 豆腐200克，白萝卜、胡萝卜、金针菇、香菇各50克，银杏、莲子各10克。

调料 酱油、香油各适量。

做法

1. 豆腐切块；白萝卜、胡萝卜分别洗净，切块；金针菇、香菇、银杏、莲子分别洗净。

2. 锅中倒水烧热，放入白萝卜块、胡萝卜块、莲子、银杏、香菇，大火煮开，放入金针菇，加入豆腐块、香油、酱油，煮至熟即可。

营养小典 此餐可补充多种维生素和矿物质。

炖三珍

[主料] 鲜口蘑、鲜平菇、鲜草菇各100克。

[调料] 香菜末、精盐、白糖、料酒、高汤、香油各适量。

[做法]

1.鲜口蘑洗净，对半切开，入沸水锅焯片刻，投凉沥水；鲜草菇、鲜平菇洗净，撕小块。

2.平菇块、口蘑、草菇块放入蒸碗内，加入高汤、精盐、白糖、料酒、香油，上笼蒸半小时取出，撒入香菜末即可。

此餐清热解毒，开胃消食。

营养小典

素罗宋汤

[主料] 豆腐干、番茄、土豆、洋葱、胡萝卜、白萝卜、菠菜各50克。

[调料] 精盐、料酒各适量。

[做法]

1.菠菜洗净，入锅焯烫片刻，捞出沥干；胡萝卜、白萝卜、土豆、洋葱分别去皮洗净，切丁；番茄去蒂洗净，切瓣；豆腐干切丁。

2.锅中倒水煮沸，放入豆腐干、胡萝卜丁、白萝卜丁、土豆丁、洋葱丁、番茄、菠菜搅拌均匀，煮沸，放入精盐、料酒，小火煮30分钟即成。

此汤利水消肿，调脂降压。

营养小典

玉米排骨汤

主料 猪排骨200克，玉米1根（约200克）。

调料 葱段、姜片、精盐、味精、料酒各适量。

做法

1. 猪排骨洗净，放入沸水锅汆烫后捞出；玉米去皮和丝，洗净，切段。

2. 砂锅置火上，放入适量水，倒入猪排、料酒，放入葱段、姜片，大火煮开，转小火煲45分钟，放入玉米段，再煲15分钟。拣去姜片、葱段，加精盐、味精调味即可。

选购支招 选择嫩一些的玉米，煮出的汤清甜、滋润。

排骨炖冬瓜

主料 猪排骨500克，冬瓜200克。

调料 葱花、姜片、精盐、味精、料酒各适量。

做法

1. 猪排骨洗净，投入沸水中汆烫片刻，捞出沥水；冬瓜洗净，切块。

2. 将排骨块放入砂锅，加适量水，加入姜片、料酒，大火烧开，转小火煲至排骨八成熟，倒入冬瓜块，煮熟，拣去姜片，加入精盐、味精拌匀，撒葱花即可。

营养小典 这道汤可以为孕妈妈补充所需的营养物质，促进胎宝宝的生长发育，还可预防孕妈妈的生理期水肿。

主料 羊里脊100克，栗子30克，枸杞子10克。

调料 香菜叶、精盐、味精、料酒各适量。

做法

1. 将羊里脊洗净，切块；栗子去皮洗净；枸杞子洗净。
2. 锅置火上，加入适量水，放入羊里脊块，大火煮开，转小火煮至半熟，加入栗子、枸杞子，继续小火煮20分钟，加料酒、精盐、味精调味，撒香菜叶即可。

栗子炖羊肉

栗子与羊肉搭配，不仅可以帮助孕妈妈提高抗病能力，还可以舒缓情绪、缓解疲劳，减轻孕期水肿和胃部不适。

营养小典

主料 鸭块300克，萝卜200克。

调料 葱段、姜片、精盐、味精、料酒各适量。

做法

1. 鸭块洗净，投入沸水锅余烫，捞出，洗净血沫；萝卜洗净切块。
2. 锅置火上，放入鸭块，加料酒、葱段、姜片，倒入水没过鸭块，加盖，上旺火烧开，撇去浮沫，转用小火焖至鸭肉八成熟，加入萝卜块，继续在火上焖烂，最后加入精盐、味精调味即可。

萝卜炖鸭块

此餐滋补强身，理气排毒。

营养小典

赤豆炖嫩鸭

主料 嫩鸭1只（约800克），红小豆50克。

调料 葱段、姜块、胡椒粉、精盐、味精、料酒各适量。

做法

1. 嫩鸭洗净，剁块焯水；红小豆淘洗干净，用水浸泡2小时；姜块洗净拍松。

2. 嫩鸭块、红小豆、姜块、葱段、料酒同放炖锅内，加适量水，大火烧沸，转小火炖至鸭熟豆烂，加入精盐、味精、胡椒粉调味即可。

营养小典 此汤润肠通便，降压降脂。

海带煲草鱼

主料 草鱼1条（约1500克），海带100克。

调料 葱段、姜片、精盐、味精、香油、食用油各适量。

做法

1. 草鱼洗净，剁成块；海带洗净改刀。

2. 锅中倒油烧热，放入葱段、姜片爆香，投入草鱼块烹炒，倒入水，加入海带，煲至熟，调入精盐、味精，淋入香油即可。

营养小典 此餐可预防妊娠高血压综合征。

主料 草鱼肉200克，油菜、胡萝卜各50克，芹菜20克。

调料 姜片、精盐、味精、白糖、胡椒粉、淀粉、香油各适量。

做法

1. 草鱼肉洗净，剁成蓉，加入淀粉、水制成鱼蓉，用勺制成小丸子；胡萝卜洗净切片；芹菜、油菜洗净切丝。

2. 锅中倒水烧沸，放入油菜丝、胡萝卜片、芹菜丝、姜片，开锅后加入精盐、白糖、味精、鱼肉丸，待丸子变白浮起，加入胡椒粉，淋上香油即可。

鱼丸三菜汤

此汤暖胃和中，养心和血。

营养小典

主料 花蛤300克，鲜奶100毫升，红柿椒1个。

调料 姜丝、精盐、白糖、鸡汤、食用油各适量。

做法

1. 将花蛤放入淡盐水中浸泡30分钟，使其吐清污物，再放入沸水中煮至开口，捞起去壳；红柿椒洗净，切粒。

2. 锅内倒油烧热，放入姜丝爆香，加入鲜奶、鸡汤煮滚后，放入花蛤，用大火煮1分钟，加入精盐、白糖，调匀即可。

牛奶花蛤汤

花蛤本身极富鲜味，所以在烹煮时不要再加味精，也不宜多放盐，以免鲜味消失。

做法支招

大煮干丝

主料 白香干300克，火腿、净竹笋、净香菇、熟鸡肉、虾仁、豆苗各20克。

调料 姜丝、精盐、高汤各适量。

做法

1.白香干切丝，入沸水锅焯烫片刻；火腿、净竹笋、净香菇、熟鸡肉均切丝；豆苗洗净；虾仁挑去虾线，洗净。

2.锅内倒入高汤，放入白香干丝、火腿丝、笋丝、鸡丝、姜丝、香菇丝、料酒、精盐，大火烧开，中火煮5分钟，捞出白香干丝放汤碗内，再放豆苗入锅，大火烧开即成。

营养小典 此汤滋补强身，健脾开胃。

枸杞海参汤

主料 水发海参150克，香菇50克，枸杞子10克。

调料 葱花、精盐、高汤各适量。

做法

1.水发海参洗净，切段；香菇去蒂洗净，切块；枸杞子洗净。

2.砂锅中倒入高汤，放入海参段、香菇块、枸杞子，大火煮沸，转中火煲40分钟，加精盐调味，撒葱花即可。

营养小典 此汤补钙壮骨，调理肝肾。

什锦果汁饭

主料 🎵 大米200克，牛奶250克，苹果丁100克，菠萝丁、火龙果丁、葡萄干、青梅丁、碎核桃仁各适量。

调料 🍶 番茄酱、白糖、淀粉各适量。

做法 🍱

1. 大米淘洗干净，放入锅内，加入牛奶和适量清水焖成软饭，再加入白糖拌匀。

2. 番茄酱、苹果丁、菠萝丁、火龙果丁、葡萄干、青梅丁、碎核桃仁同放入锅内，加入适量水和白糖烧沸，加入淀粉勾芡，制成什锦沙司。

3. 将米饭盛入盘中，浇上什锦沙司即可。

番茄酱可以用酸奶来代替。 　做法支招

牛肉米粉

主料 🎵 干米粉100克，熟牛肉50克。

调料 🍶 葱花、精盐、酱油、味精、骨汤、香油各适量。

做法 🍱

1. 熟牛肉切片；干米粉用清水浸泡至软发，捞出沥水。

2. 锅内加骨汤烧沸，放入米粉，大火煮5分钟。

3. 酱油、精盐、香油、味精、葱花均放入碗中，待米粉煮好，连汤倒入碗中，上面盖上牛肉片即成。

这道主食可缓解孕妇虚胖、水肿，增进孕妇食欲。 　营养小典

山药番茄粥

主料 大米、番茄各100克，山药50克。

调料 精盐、味精各适量。

做法

1. 大米淘洗干净；山药润透，洗净，切片；番茄洗净，切牙状。

2. 将大米、山药片同放锅内，加适量水和精盐，置大火上烧沸，转小火煮30分钟，加入番茄，再煮10分钟，加味精调味即可。

做法支招 新鲜山药的黏液沾到肌肤上会引起瘙痒，在买山药时最好先让店家削去皮。

芹菜草莓粥

主料 芹菜、草莓各50克，大米100克。

做法

1. 大米淘洗干净；草莓洗净切片；芹菜洗净，切粒。

2. 将大米放入锅内，加适量水，大火煮沸，转小火煮30分钟，加入芹菜粒、草莓片，煮成粥即可。

营养小典 芹菜富含多种营养素，能降血脂，还具有促进肠胃蠕动的功效。血压偏高的孕妈妈可多食用。

主料 大米100克，大枣50克，阿胶粉5克。

做法

1. 将大米淘洗干净；大枣洗净去核。
2. 锅中加适量水烧开，放入大枣和大米，用小火煮成粥，调入阿胶粉，稍煮几分钟，待阿胶粉溶化即可。

大枣阿胶粥

此粥可调养孕妇气血。

营养小典

主料 大米100克，山药、红小豆各50克。

做法

1. 红小豆淘洗干净，用水浸泡1小时；大米淘洗干净；山药去皮洗净，切丁。
2. 锅内放适量水，置大火上，将红小豆放入锅中煮烂，再放大米煮烂，最后加入山药丁继续煮至山药熟烂即可。

赤豆山药粥

山药有收涩的作用，大便燥结的孕妈妈不宜食用。

饮食宜忌

103

三豆粥

主料 赤小豆、绿豆、黑豆各30克。
调料 白糖适量。

做法

1. 赤小豆、绿豆、黑豆均洗净，浸泡1小时。

2. 砂锅中倒入适量水，放入3种豆子，先用大火煮沸后，再转小火煮1个小时，加入白糖调味即可。

营养小典 黑豆是植物中营养丰富的保健佳品，孕妈妈可多吃黑豆。

猪肾粥

主料 猪腰、大米各100克。
调料 葱花、精盐各适量。

做法

1. 将猪腰洗净，剖成两瓣，切去中间臊腺，切片；大米淘洗干净。

2. 锅置火上，倒入适量水，放入猪腰片，加入葱花煮开，倒入大米，煮至粥成，加精盐调味即可。

营养小典 猪腰含有丰富的蛋白质、维生素和矿物质，对孕妈妈肾虚、尿频症状有很好的缓解作用。

主料 鲤鱼500克，白菜500克，粳米100克。

调料 葱花、姜末、精盐、料酒各适量。

做法

1. 鲤鱼去鳞、鳃及内脏，洗净；白菜洗净，切丝。

2. 锅中倒水烧沸，放入鲤鱼，加葱花、姜末、料酒、精盐煮至鱼熟，用汤筛过滤去刺，倒入淘洗干净的粳米和白菜丝，再加适量清水，转小火慢慢煮至粳米开花、白菜熟烂即可。

鲤鱼白菜粥

做法支招

黄酒与鲤鱼相宜，加入少量黄酒还可以去除鱼腥味。

主料 低筋面粉150克，鸡蛋6个（约360克）。

调料 黄油80克，精盐、白糖各适量。

做法

1. 黄油放室温下软化；低筋面粉、白糖、鸡蛋、黄油、精盐同放入容器中打成糊状。

2. 平底锅小火加热，放入1勺面糊，快速摊平，底面煎好，翻过来煎另一面，约20秒后将蛋皮揭下来，放案板上，用筷子卷起，放凉即可。

蛋 卷

营养小典

蛋卷可开胃健脾，促进消化。

鸡汁玉米羹

主料 罐装玉米羹200克，熟鸡肉50克，鸡蛋1个（约60克）。

调料 精盐、白糖、水淀粉、鸡汤各适量。

做法

1. 将鸡蛋打散；熟鸡肉撕碎。
2. 锅置于火上，将鸡汤、罐装玉米羹、鸡肉倒入锅中，加适量水煮熟，加白糖、精盐调味，用水淀粉勾芡后倒入蛋液，轻轻搅动，使蛋液凝固成蛋花即可。

营养小典 鸡肉与玉米搭配食用，可以帮助孕妈妈提高身体的免疫力，预防便秘。

胡萝卜苹果冻

主料 苹果汁150毫升，胡萝卜30克，琼脂粉5克。

调料 沙拉酱、柠檬汁各适量。

做法

1. 胡萝卜洗净，入锅煮软后碾碎。
2. 琼脂粉加水浸泡40分钟，倒入锅中，加入胡萝卜和苹果汁，小火煮20分钟，加入沙拉酱和柠檬汁拌匀，停火冷藏成冻即可。

营养小典 此甜品可软化血管，降低血压。

Part 4

月子及哺乳期
营养美食

瓜皮炒山药

主料 山药300克，西瓜皮100克。
调料 精盐、食用油各适量。

做法

1. 西瓜皮和山药去皮，一起切丁，用精盐腌片刻。
2. 锅内倒油烧热，放入西瓜皮丁、山药丁翻炒均匀，加精盐调味即可。

营养小典 西瓜皮具有消炎降压、促进新陈代谢、软化及扩张血管、抗坏血病等功效，能提高哺乳妈妈的抗病能力。

西芹炒草菇

主料 芹菜、草菇各200克。
调料 蒜末、精盐、食用油各适量。

做法

1. 芹菜洗净，切段；草菇洗净焯水，切两半。
2. 锅内倒油烧热，放蒜末爆香，加入芹菜段、草菇翻炒，略焖一会儿，加精盐调味即可。

做法支招 西芹所含水溶性维生素很丰富，所以制作的时候要注意不要炒的时间过长，以免破坏其中的维生素。

主料 鸡蛋3个（约180克），阿胶30克，米酒100克。

调料 葱花、精盐各适量。

做法

1.鸡蛋磕入碗中打散。

2.阿胶打碎，放在锅里浸泡，加入米酒和少许水用小火炖煮至胶化，倒入鸡蛋液，加精盐调匀，蒸至蛋液凝固，盛出撒葱花即可。

鸡蛋羹

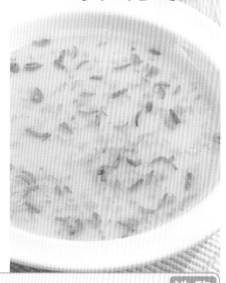

阿胶需要到正规商场选购，以免买到假货。

选购支招

主料 瘦猪肉150克，香菇50克，火腿25克，鸡蛋1个（约60克）。

调料 葱姜末、精盐、酱油、高汤、淀粉各适量。

做法

1.香菇洗净，捞出沥干，摊开压平；瘦猪肉、火腿切成碎末，放大碗中，磕入鸡蛋，与葱姜末、淀粉、酱油、精盐一起拌匀，做成肉馅；高汤、酱油、精盐同入碗中，调成料汁。

2.将香菇摊开，放上肉馅，再用一片香菇盖起来，制成香菇盒，平放在大盘子上，浇上料汁，上屉蒸15分钟，取出即可。

香菇盒

火腿本身带有咸味，因此盐要少放。

做法支招

白灼猪腰

主料 猪腰200克，猪肉50克，红柿椒10克。

调料 葱姜丝、精盐、酱油、淀粉各适量。

做法

1. 红柿椒洗净切丝；酱油、精盐调成味汁。

2. 猪腰洗净去筋膜，切片汆烫冲凉，加酱油、淀粉腌拌后汆烫至五成熟。

3. 锅中倒水烧沸，放入猪腰片及猪肉，汆烫片刻后盛起沥干，撒葱丝、姜丝、红柿椒丝，蘸味汁食用即可。

营养小典 猪腰补肾益精，具有补阳、强身的功效，可治腰腿酸软、昏沉乏力、尿频等症状，孕妈妈多食可以强健身体。

猪蹄炖黄花菜

主料 猪蹄250克，干黄花菜30克。

调料 精盐适量。

做法

1. 将猪蹄去杂毛洗净；干黄花菜泡发洗净。

2. 将猪蹄、黄花菜一同入锅，加适量水，小火煮至猪蹄熟烂，加精盐调味即可。

营养小典 猪蹄有壮腰补气和通乳的功效，可用于肾虚所致的腰膝酸软和新妈妈产后缺少乳汁之症。

主料 猪腰子250克，青椒50克。

调料 姜丝、精盐、酱油、料酒、香油各适量。

做法

1. 猪腰子洗净，剖成两半，切去中间的白膜和臊腺，在腰面剞十字花刀，再切成斜片，放入沸水锅氽烫后捞出，放到冷水中反复浸泡，除去血水；青椒切丝。

2. 炒锅倒香油烧热，放入姜丝炒香，放入腰花，翻炒至八成熟，加入青椒丝、料酒、精盐、酱油，炒匀即可。

麻油炒腰子

此餐可补肾气，增体力。

营养小典

炒鸭肝

主料 鸭肝200克。

调料 葱、姜、精盐、水淀粉、食用油各适量。

做法

1. 将鸭肝洗净，切成片；葱、姜分别切大片。

2. 锅中倒油烧热，放入葱姜片爆香，加入鸭肝片翻炒至变色，放精盐炒匀，用水淀粉勾芡即可。

鸭肝买回来后要放在自来水下冲洗10分钟，然后放在水中浸泡30分钟，充分清洗干净。

做法支招

鱼片蒸蛋

主料 鸡蛋3个（约180克），净鲜鱼片50克。

调料 葱花、精盐、生抽、食用油各适量。

做法

1.净鲜鱼片加入精盐、食用油拌匀；鸡蛋磕入碗中打散，加入精盐和适量水搅匀成蛋液，倒入蒸盘中。

2.蒸盘放入蒸锅中，小火蒸7分钟，在鸡蛋上放上鱼片，续蒸3分钟，熄火，利用余热闷2分钟，取出蒸盘，淋入生抽，撒上葱花即成。

营养小典 此餐可滋养气血，增强体质。

鲫鱼炖鸡蛋

主料 鲫鱼1条（约600克），鸡蛋2个（约120克）。

调料 葱花、姜丝、精盐、酱油、料酒、香油各适量。

做法

1.鲫鱼洗净，剞花刀，抹上精盐和料酒略腌。

2.鸡蛋打入汤碗，搅散后加适量水、精盐调匀。

3.鲫鱼放入蛋液内，撒上姜丝，上蒸锅蒸15分钟，出锅后撒上葱花，淋上香油和酱油即成。

做法支招 鲫鱼炖鸡蛋宜选用草鸡蛋；蒸蛋时火力不能猛，用中小火即可。

主料 核桃仁10克，莲藕250克。

调料 红糖或盐适量。

做法

1.莲藕洗净切片，核桃仁去皮，打碎。

2.将碎核桃仁、莲藕片放入锅中，加水煮沸，酌加适量红糖或盐调味即可。

核桃仁莲藕煲

莲藕含丰富的铁质，对贫血者颇为相宜，适用于产后妈妈血淤发热。 营养小典

主料 猪蹄500克，黄豆、栗子各50克。

调料 葱白、精盐各适量。

做法

1.将猪蹄去毛洗净，剁成小块；黄豆拣干净杂质，用冷水泡30分钟左右；栗子剥皮，洗净备用；葱白切段。

2.将所有原料及葱白放入锅中，加入适量水，先用大火烧开，再用小火炖1个小时，加少许精盐，再煮10分钟即可。

黄栗猪蹄汤

此汤可滋养气血，催生乳汁。 营养小典

猪蹄通草汤

主料 猪蹄500克，通草6克。

调料 葱白、精盐各适量。

做法
1. 猪蹄洗净，切大块。
2. 猪蹄块与通草、葱白一同放入锅内，小火焖煮3小时，加精盐调味即可。

营养小典 通草有清热通乳的功能。此汤通络下乳，每日分3次服，连服3日。适于缺乳、乳汁不畅的妈妈食用。

羊排粉丝汤

主料 羊排骨500克，粉丝50克。

调料 葱段、姜丝、香菜段、精盐、醋、食用油各适量。

做法
1. 将羊排骨洗净后剁成块；粉丝用温水泡发好。
2. 锅中倒油烧热，放入葱段、姜丝爆香，加入羊排块翻炒片刻，放醋，添水烧开，撇去浮沫，转小火煮至羊肉酥烂时放入粉丝，加精盐调味，撒上香菜段即可。

做法支招 如果觉得羊排炖制时间比较长，也可以先用压力锅将羊排炖熟。

山药炖羊肉

主料 羊肉400克，山药200克，当归10克。

调料 姜片、精盐、枸杞子各适量。

做法

1. 羊肉洗净，切块，入锅汆烫后捞出；山药去皮，切块，清水、枸杞子浸泡30分钟。

2. 将羊肉块、当归、姜片、枸杞子放入炖锅内，小火炖1小时，加入山药块，炖至山药熟透，加精盐调味即可。

羊肉具有暖中补虚、开胃健力、滋肾气等功效，对产后大虚、产后出血、产后无乳等症状都有很好的滋补效果。 **营养小典**

当归姜羊肉煲

主料 羊肉300克，当归5克。

调料 姜片、精盐、酱油、料酒各适量。

做法

1. 当归洗净，切片；羊肉剔除筋膜，切块，放入沸水中焯去血水，过清水洗净。

2. 瓦煲内放入适量水煮沸，加入当归片、姜片、羊肉块、料酒，盖好盖子用小火煲3小时，加精盐、酱油调味即可。

羊肉应选择呈健康红色、摸上去有黏感的。 **做法支招**

滋补羊肉汤

主料 羊肉350克，枸杞子30克。

调料 葱花、精盐、高汤、香油各适量。

做法

1. 羊肉洗净，切片焯水；枸杞子浸泡洗净。
2. 净锅上火，倒入高汤，放入羊肉片、枸杞子，煲至熟，调入精盐，淋香油，撒葱花即可。

营养小典 此汤滋养补身，大补虚劳。

番茄烧牛尾

主料 牛尾、番茄各300克，洋葱块30克。

调料 葱段、香菜段、精盐、胡椒粉、高汤各适量。

做法

1. 牛尾洗净，剁成块，入沸水锅汆烫后捞出；番茄去皮，切块。
2. 牛尾块、葱段同放炖煲中，加高汤炖熟，拣去葱段，加入番茄块、洋葱块，炖至牛尾熟烂，加精盐、香菜段、胡椒粉调味即可。

营养小典 牛尾既有牛肉补中益气之功，又有牛髓填精补髓之效。

主料 鸡1只（约1000克），人参10克，香菇5克。

调料 葱段、姜片、精盐、料酒各适量。

做法

1. 将鸡剁成小块，下沸水锅焯水，捞出洗净。

2. 将鸡块放入砂锅中，加入人参、姜片、香菇、葱段和料酒，再加清水没过原料，大火烧沸，再用小火炖2小时，加精盐调味即可。

人参炖鸡

服用人参后忌饮茶，以防止破坏人参的功效。

食忌饮宜

主料 小母鸡750克。

调料 葱段、姜片、精盐、料酒、胡椒粉、高汤、猪油各适量。

做法

1. 小母鸡宰杀洗净，剁成块，放入沸水锅汆去血水，捞出沥干。

2. 锅中倒猪油烧热，放入姜片、葱段炒香，加入鸡块炒匀，烹入料酒，倒入高汤，调入精盐、胡椒粉，中火烧至汤汁成白色，拣去姜片、葱段，转小火烧10分钟即可。

月母鸡

小母鸡应选择6个月左右的，肉质鲜嫩。

选购支招

黄芪炖鸡汤

主料 母鸡1000克，黄芪10克，枸杞子、红枣各15克。

调料 葱段、姜片、葱花、精盐、米酒各适量。

做法

1. 黄芪洗净，放入滤袋内；母鸡宰杀洗净，切块，放入沸水锅氽烫去血水，捞出沥干。

2. 所有原料放进锅内，加入适量水，小火炖焖1小时，加精盐、米酒调匀，出锅时撒葱花即可。

营养小典 黄芪甘温，可补气生血而化生乳汁。此汤适用于产后体虚、乳汁过少、易出虚汗等症。

芪归炖鸡汤

主料 小母鸡750克，黄芪、当归各10克。

调料 精盐、胡椒粉各适量。

做法

1. 小母鸡宰杀洗净；黄芪去粗皮，与当归均洗净沥干。

2. 沙罐洗净，放入适量水，放入小母鸡，大火烧开，撇去浮沫，加黄芪、当归、胡椒粉，用小火炖2小时，加精盐稍煮即可。

储存支招 当归不易保存，需冷藏。

主料 乌鸡750克，白凤尾菇50克。

调料 葱段、姜片、精盐、黄酒各适量。

做法

1.乌鸡宰杀洗净。

2.锅中倒入适量水，加姜片煮沸，放入乌鸡，加上黄酒、葱段，用小火焖煮至酥软，放入白凤尾菇，加精盐后沸煮3分钟即可。

乌鸡白凤汤

乌鸡滋补肝肾的效用较强，食用本品可补肝益肾，生精养血，养益精髓，下乳增奶。

营养小典

主料 鳗鱼500克，当归、黄芪、红枣各15克。

调料 精盐、料酒各适量。

做法

1.鳗鱼洗净，切段。

2.砂锅中放入鳗鱼段、当归、黄芪、红枣、料酒、精盐和适量水，大火煮沸，转小火炖煮50分钟即可。

炖鳗鱼

鳗鱼具有补虚活血、去风明目的疗效，其蛋白质含量丰富，适合孕妈妈产后坐月子食用。

营养小典

炖甲鱼

主料 甲鱼1只（约1000克），炒山甲、蒲公英各15克，炒皂刺、连翘各10克。

调料 葱段、姜块、精盐、黄酒、清汤各适量。

做法

1. 甲鱼宰杀洗净，切块，放入汤碗内。

2. 把所有药物碾碎入纱布袋，码在甲鱼块周围，再加入葱段、姜块、黄酒、精盐，兑入清汤没过碗内诸物为度，上笼蒸2小时，拣去药袋，分顿食用即可。

饮食宜忌 此餐适于乳腺炎脓肿期。腹泻者不宜食用甲鱼。

干贝玉米羹

主料 干贝50克，鲜玉米粒100克，鸡蛋2个（约120克）。

调料 精盐、黄酒、淀粉各适量。

做法

1. 干贝入水泡软后上笼蒸2小时，取出捏碎；鸡蛋磕入碗中打散；鲜玉米粒洗净。

2. 锅内放适量水，加干贝、玉米粒烧开，加精盐、黄酒，用淀粉勾芡，将鸡蛋液淋入锅内即可。

营养小典 干贝可一定程度上改善头晕目眩、咽干口渴、虚痨咯血、脾胃虚弱等症，常食有助于降血压、降胆固醇，补益健身。

主料 苋菜50克，大米100克。

调料 精盐适量。

做法

1.苋菜洗净，切段；大米淘洗干净。

2.锅中倒入适量水，放入苋菜段，用水煮10分钟，去苋菜，留汁，倒入大米煮至米熟烂,加精盐调味即可。

紫苋菜粥

紫苋菜富含蛋白质，其所含蛋白质比牛奶中的蛋白质更能充分被人体吸收。 营养小典

主料 黄芪30克，橘皮末3克，粳米100克。

调料 红糖适量。

做法

1.将黄芪洗净，放入锅内，加适量清水煎煮，去渣取汁。

2.锅置火上，放入粳米、黄芪汁和适量水煮粥，粥成加橘皮末煮沸，再加入红糖调匀即可。

黄芪红糖粥

此粥有益气摄血作用。适用于产后气虚、贫血、乏力、恶露等症状。 营养小典

红豆汤

主料 红豆200克，带皮老姜30克，米酒3000克。

调料 红糖适量。

做法

1.将红豆泡入米酒水中，加盖泡8小时。

2.带皮老姜切成丝，放入已泡好的红豆中，全部倒入锅中，大火煮滚，加盖转中火继续煮20分钟，转小火煮1小时，加入红糖搅拌即可。

营养小典 红豆有强心利尿之效，有水肿、脚气或水分代谢较差的产后妈妈应该多吃红豆，以利尿、强心、去水肿。

红枣山药南瓜

主料 南瓜、山药各200克，红枣50克。

调料 红糖适量。

做法

1.山药去皮，洗净，切块；南瓜去皮、去瓤，洗净，切块；红枣洗净，去核。

2.炖锅倒入适量水，放入红枣、南瓜块、山药块和红糖，盖盖，小火炖至山药、南瓜熟烂即可。

营养小典 此汤补虚益气，养血安神。

主料 红枣、花生米各100克。
调料 蜂蜜适量。
做法

1.红枣、花生分别洗净，用温水浸泡30分钟。
2.红枣、花生同入锅中，加适量清水，用小火煮至汤汁浓稠，凉凉，加入蜂蜜调匀即可。

花生蜜枣

此汤补血养血，养心安神。

营养小典

主料 新鲜山楂30克。
调料 红糖适量。
做法

1.将山楂洗净，切成薄片，凉干。
2.锅中加入适量水，倒入山楂片，大火煮至山楂熟烂，加入红糖煮沸即可。

山楂红糖饮

山楂可对半切开，剔去子。

做法支招

萝卜泥拌鱼干

主料 萝卜150克，沙丁鱼干、黄瓜各50克，裙带菜10克。

调料 柠檬汁、精盐、酱油各适量。

做法

1. 裙带菜放入水中浸泡去掉盐分，切片；黄瓜切片，撒上精盐，腌至变软后控干水分；萝卜剁成泥，沥干水分；沙丁鱼干切碎。

2. 将裙带菜、黄瓜片、萝卜泥、鱼肉放入碗中拌匀，加入柠檬汁、酱油调匀即可。

做法支招 为了防止菜肴过咸，裙带菜要充分浸泡、清洗，以除掉盐分。

芝麻拌菠菜

主料 菠菜100克，胡萝卜、干羊栖菜、油炸豆腐各50克，芝麻10克。

调料 精盐、醋、白糖各适量。

做法

1. 菠菜洗净，焯好后切段，控干水分；将干羊栖菜放入水中泡发洗净，胡萝卜切丝，两者一同入锅焯烫片刻，捞出沥干；将油炸豆腐切丝。

2. 将菠菜段、羊栖菜、芝麻、胡萝卜丝、油炸豆腐丝一起放入大碗中，加入全部调料搅拌即可。

做法支招 菠菜中含有草酸，不宜与豆腐共煮。先将菠菜用开水焯过一遍即可解决这个问题。

主料 嫩鲜小萝卜头200克。

调料 精盐、甜面酱各适量。

做法

1.小萝卜头洗净，凉干，逐层下坛用精盐腌，每天翻动两次，一周后取出晒干。

2.将坛中卤汁下锅烧开，倒入萝卜，第二天取出，投入坛中，加甜面酱，每天翻动两次，半个月后即可食用。

蜜萝卜

应选择形似蜜枣的新鲜小萝卜头。

选购支招

主料 绿豆芽200克，胡萝卜、青椒各25克，干香菇10克。

调料 花椒油、精盐、味精各适量。

做法

1.绿豆芽去根洗净，入沸水中略焯，捞出过凉。

2.胡萝卜、青椒洗净，干香菇泡发好，去蒂洗净，均切成丝，入沸水中焯透，捞出过凉。

3.绿豆芽、胡萝卜丝、香菇丝和青椒丝一起放入盆内，加入精盐、味精和花椒油，拌匀装盘即成。

什锦豆芽

此餐滋养皮肤，美容养颜。

营养小典

卤虎皮豆腐

主料 豆腐500克。

调料 葱段、姜片、八角茴香、花椒、精盐、酱油、白糖、鲜汤、食用油各适量。

做法

1. 豆腐切片，入六成热油锅炸至呈金黄色，捞出沥油。
2. 净锅放入鲜汤，加入各种调料，烧开后撇净浮沫，离火，放入豆腐片浸泡5小时即可。

营养小典 此餐色泽黄亮，豆腐外柔内嫩，饱含卤汁，营养丰富。

脆炒双花

主料 菜花150克，西蓝花100克，油炸沙丁鱼碎末、雪菜各15克。

调料 蒜末、精盐、味精、柠檬汁、食用油各适量。

做法

1. 菜花洗净切段，西蓝花切朵，二者同入沸水锅焯烫片刻，捞出沥干。
2. 锅中倒油烧热，放入蒜末爆香，倒入西蓝花翻炒片刻，加入菜花段翻炒1分钟，加精盐、柠檬汁、味精翻炒数下，撒上油炸沙丁鱼碎末和雪菜即可。

做法支招 西蓝花最易残留农药，应该用盐水浸泡30分钟，然后过沸水烫洗。

主料 冬瓜200克，面粉10克。

调料 番茄酱、精盐、白糖、味精、淀粉、食用油各适量。

做法

1.将冬瓜去皮，洗净，切成长条，放入沸水中汆烫至熟，捞出沥干；面粉、淀粉、精盐、味精、白糖一起放到碗里，加适量水调成浆，静置10分钟后放入冬瓜条抓匀。

2.锅内倒油烧热，放入冬瓜条炸至金黄酥脆，装盘，淋上番茄酱即可。

脆皮冬瓜

腹泻时不可食用冬瓜。

饮食宜忌

主料 西芹250克，百合100克。

调料 蒜片、精盐、味精、白糖、香油、食用油各适量。

做法

1.西芹择洗干净，切条；百合洗净，掰成瓣。

2.锅中倒水烧沸，放入西芹条、百合焯烫片刻，捞出沥干。

3.锅中倒油烧热，放入蒜片炝香，加入西芹条、百合，调入精盐、味精、白糖，大火炒均，淋入香油即可。

西芹百合

此餐养心安神、润肺止咳。

营养小典

口蘑烧冬瓜

主料 冬瓜200克，口蘑100克。

调料 精盐、味精、料酒、水淀粉、食用油各适量。

做法

1.冬瓜洗净，去皮、去瓤，切块，放入沸水锅焯一下，捞出用凉水浸泡；口蘑去杂洗净，切块。

2.锅中倒油烧热，放入口蘑块、冬瓜块、料酒、精盐、味精，大火烧沸，改小火烧至口蘑、冬瓜入味，用水淀粉勾芡即可。

营养小典 冬瓜中所含的丙醇二酸，能有效抑制糖类转化为脂肪，加之冬瓜本身不含脂肪，热量不高，可以有效防止发胖。

蚝油豆豉苦瓜

主料 苦瓜、豆腐各150克，鲜香菇30克。

调料 香菜末、豆豉、精盐、蚝油、食用油各适量。

做法

1.苦瓜切开，去瓤洗净，切块；豆腐、鲜香菇均切块。

2.炒锅倒油烧热，放入香菇块、苦瓜块、豆腐块煸炒片刻，加入蚝油、豆豉和适量水，小火焖至汤汁将干，加入精盐、香菜末调味即可。

营养小典 此餐可清热解毒，减肥美容。

主料 嫩豌豆300克，蘑菇100克。

调料 葱花、姜末、精盐、味精、水淀粉、鲜汤、香油、食用油各适量。

做法

1.将蘑菇洗净，沥干，切片；嫩豌豆洗净，入沸水锅煮1分钟，捞出沥干。

2.锅置火上，倒油烧至五六成热，下入葱花、姜末爆香，投入蘑菇片煸炒片刻，加入鲜汤，下入豌豆、精盐、味精烧沸，用水淀粉勾芡，淋香油即可。

蘑菇豌豆

此餐润肠通便，美容养颜。

营养小典

山楂炒绿豆芽

主料 绿豆芽200克，鲜山楂100克。

调料 葱姜丝、花椒、精盐、味精、料酒、食用油各适量。

做法

1.绿豆芽漂洗干净，沥干水分；鲜山楂洗净去核，切成片。

2.锅置火上，倒油烧热，投入花椒炸出香味，捞出花椒不用，再放入葱姜丝煸香，放入绿豆芽煸炒，加入料酒、精盐、味精、山楂片，翻炒均匀即成。

此餐降脂减肥，清热降压。

营养小典

笋尖焖豆腐

主料 豆腐200克,口蘑、笋尖各50克,虾米10克。

调料 葱花、姜末、酱油、食用油各适量。

做法

1.豆腐切丁;口蘑、笋尖均洗净,切丁,放入沸水锅焯烫片刻,捞出沥水;虾米用温水泡10分钟,捞出沥水,切碎。

2.锅中倒油烧热,放入葱花、姜末煸香,放入豆腐丁翻炒片刻,加入笋尖丁、口蘑丁炒匀,加入虾米、酱油和少许水,小火焖至汤汁收干即可。

黄金山药条

主料 山药300克,熟咸鸭蛋黄3个。

调料 白糖、味精、食用油各适量。

做法

1.山药去皮洗净,切条;熟咸鸭蛋黄用刀压碎,加白糖、味精调匀。

2.炒锅倒油烧热,倒入山药条,炸至呈金黄色捞出。

3.锅留底油烧热,加咸鸭蛋黄炒匀,加入山药条颠炒均匀即成。

营养小典 此餐通便排毒,美容养颜。

肉松炒芹菜

主料 芹菜300克，猪肉松50克。

调料 精盐、味精、香油、食用油各适量。

做法

1. 芹菜去根、去叶，洗净后用刀拍松，切丝。

2. 锅里倒油烧热，煸香猪肉松，盛出。

3. 锅留底油烧热，放入芹菜丝煸炒至将熟，放入肉松、精盐、味精，淋入香油炒匀即可。

选购芹菜应挑选梗短而粗壮、菜叶翠绿而稀少的。

选购支招

走油猪蹄

主料 猪蹄500克。

调料 葱段、姜片、精盐、酱油、白糖、料酒、食用油各适量。

做法

1. 猪蹄洗净，氽水后沥干水分，入油锅炸至微黄，捞出沥油。

2. 锅中倒油烧热，下入姜片、葱段煸香，放入猪蹄，倒入清水没过猪蹄，再下其他调料，大火烧沸，转小火焖至熟透入味，盛出即可。

此餐补气养血，滋润肌肤，有利下奶。

营养小典

菠萝牛肉

主料 嫩牛肉250克，菠萝100克。

调料 葱花、精盐、酱油、白糖、料酒、水淀粉、食用油各适量。

做法

1. 嫩牛肉切片，加料酒、酱油、白糖、淀粉拌匀腌制20分钟；菠萝去皮，用盐水浸泡20分钟，捞出沥水，切丁。

2. 锅中倒油烧热，下葱花煸香，倒入牛肉片，翻炒至断生，加入菠萝丁炒匀，调入酱油、水淀粉、精盐，翻炒均匀即可。

营养小典 牛肉的蛋白质含量高，并含多种人体必需的氨基酸和维生素，有强筋骨、补虚健体的作用。菠萝富含维生素C。

牛蒡炒牛肉

主料 瘦牛肉、牛蒡各100克，胡萝卜、豇豆各30克。

调料 精盐、酱油、白糖、料酒、食用油各适量。

做法

1. 牛蒡去皮洗净，切片，用水浸泡20分钟；胡萝卜、瘦牛肉均切片；豇豆斜刀切段，入锅焯熟，捞出沥水。

2. 锅中倒油烧热，放入牛肉片炒熟，加入其余所有原料翻炒均匀，放入白糖、料酒、精盐和酱油炒匀即可。

营养小典 将几种蔬菜混合在一块食用，摄入膳食纤维的效果更佳。

主料 熟牛肚300克，黄瓜100克。

调料 姜丝、蒜片、精盐、味精、醋、料酒、食用油各适量。

做法

1.熟牛肚切丝；黄瓜洗净，切丝。

2.锅内倒油烧热，放入姜丝、蒜片爆香，加入牛肚丝、料酒、精盐、味精、醋快速翻炒片刻，加黄瓜丝炒匀即可。

青瓜牛肚丝

牛肚含蛋白质、脂肪、钙、磷、铁、硫胺素、核黄素、烟酸等，具有补益脾胃、补气养血、补虚益精等功效。 **营养小典**

主料 羊排600克。

调料 葱姜末、蒜瓣、八角茴香、花椒、桂皮、胡椒粉、精盐、酱油、白糖、水淀粉、食用油各适量。

做法

1.将羊排洗净，剁成段。

2.锅内倒油烧热，放入葱姜末炒香，加入羊排段、酱油煸炒5分钟，添入适量水，加八角茴香、花椒、桂皮、白糖、精盐、胡椒粉、蒜瓣，小火煨烧至汤浓汁稠时，用水淀粉勾芡即可。

红焖羊排

烹煮羊肉时放入一块橘皮可以去除膻味。 **做法支招**

山楂鸡片

主料 鸡胸肉200克，山楂100克。

调料 香葱末、精盐、味精、白糖、香油各适量。

做法

1. 鸡胸肉、山楂洗净切片，一起入沸水中汆熟，捞出凉凉。
2. 鸡胸肉片、山楂片倒入大碗内，调入精盐、味精、白糖、香油，拌匀装盘，撒入香葱末即可。

营养小典 此餐有利于消积化滞，活血化淤。

卤鸡腿肉

主料 鸡腿300克。

调料 葱段、姜片、小茴香、桂皮、精盐、酱油、白糖、料酒、食用油各适量。

做法

1. 鸡腿洗净，去骨，用刀背剁松，加酱油、料酒腌渍50分钟。
2. 锅中倒油烧热，将鸡腿炸呈金黄色，捞出沥油。
3. 锅留底油烧热，放入葱段、姜片炸香，加入适量水、精盐、酱油、白糖、小茴香、桂皮、料酒，烧开后打净浮沫，放入鸡腿慢火卤熟，取出凉凉，改刀装盘即可。

营养小典 此餐有利于补钙壮骨，增强体力。

主料 嫩仔鸡1只（约600克），桂圆肉50克。

调料 精盐、生抽、料酒各适量。

做法

1.嫩仔鸡洗净，剁去鸡爪，放入沸水锅氽烫后捞出；桂圆肉洗净。

2.砂锅放火上，加入适量水、仔鸡、料酒，大火烧开，转小火煮至鸡肉八成熟，加入桂圆肉、生抽、精盐，小火炖30分钟即成。

桂圆仔鸡

此餐有利于养血安神、润肤美容。

营养小典

主料 去骨鹅肉、白菜叶各150克，鸡蛋清30克。

调料 葱花、精盐、味精、胡椒粉、水淀粉、鸡汤、香油各适量。

做法

1.去骨鹅肉洗净，剁成蓉，加精盐、味精、香油、葱花、鸡蛋清搅打上劲，制成肉馅；白菜叶放入沸水锅焯烫片刻，捞出沥水。

2.将鹅肉馅包入白菜叶中，码在盘中，放入蒸锅蒸8分钟，取出。

3.锅置火上，加入鸡汤，加精盐、味精、胡椒粉、香油调味，用水淀粉勾芡，浇在白菜卷上即成。

翡翠鹅肉卷

此餐滋阴补肾，补髓生血。

营养小典

橙汁鱼片

主料 鲤鱼400克，橙汁200毫升，鸡蛋清1个。

调料 蒜末、精盐、味精、白糖、米醋、料酒、淀粉、食用油各适量。

做法

1. 鲤鱼宰杀洗净，取肉，片成片，调入精盐、料酒腌20分钟，加入鸡蛋清、淀粉，抓匀上浆。

2. 炒锅上火，倒油烧热，放蒜末炒香，放入鱼片滑散，烹入料酒，调入橙汁、味精、白糖、米醋，翻炒均匀即可。

营养小典 此餐滋补健胃，降脂强身。

烤沙丁鱼

主料 沙丁鱼200克，生菜、面粉各50克。

调料 柠檬汁、精盐、食用油各适量。

做法

1. 将沙丁鱼宰杀洗净，撒上精盐拌匀腌制10分钟；生菜洗净，垫在盘中。

2. 将沙丁鱼裹匀面粉，入锅炸熟，捞出沥油，盛盘中，淋柠檬汁即可。

营养小典 沙丁鱼富含维生素D、钙质和磷脂，能帮助产后体虚的孕妈妈补充精力，缓解腰腿酸痛的情况。

主料 带鱼300克，香菇、玉兰片、青豆、胡萝卜各25克，面粉30克。

调料 精盐、料酒、白糖、酱油、醋、水淀粉、香油、食用油各适量。

做法

1.香菇、面粉、玉兰片、胡萝卜均洗净切丁。

2.带鱼洗净，去鱼骨，剖成两片，剞花刀，加料酒、精盐拌匀，拍上面粉，放入油锅炸至肉酥，盛盘。

3.锅中倒油烧热，放入香菇丁、玉兰片丁、胡萝卜丁和青豆炒熟，加精盐、料酒、酱油和适量水煮沸，再加白糖、醋，用水淀粉勾芡，淋上香油，浇在鱼片上即可。

青豆带鱼

此餐补血养肝，生发乌发。 营养小典

软炸虾仁

主料 虾仁300克，鸡蛋清、面粉各25克。

调料 花椒盐、精盐、味精、料酒、淀粉、食用油各适量。

做法

1.虾仁洗净，除去虾线，入碗中加精盐、味精、料酒搅匀。

2.碗中加鸡蛋清、面粉、淀粉和少许水调成糊。

3.锅中倒油烧热，将虾仁拌匀蛋糊，逐个放入油锅中炸熟，捞出装盘，蘸少许花椒盐调味即可。

外表脆软，淡金黄色，虾仁嫩鲜，补钙健脑。 营养小典

蚕豆炒虾仁

主料 虾仁200克，蚕豆100克。

调料 精盐、味精、水淀粉、食用油各适量。

做法

1. 蚕豆用精盐水煮至半熟后，放入冷水中浸半分钟，捞起沥干水分；虾仁去虾线洗净，加精盐拌匀。

2. 炒锅点火，倒油烧热，放入蚕豆翻炒片刻，放入味精、精盐、少量水，大火烧片刻，放入虾仁炒熟，加水淀粉勾芡即可。

营养小典 此餐可促进乳汁分泌。

海鲜爆甜豆

主料 鲜虾、墨鱼、鲜鱿鱼、甜豆、红辣椒各50克。

调料 精盐、蒜油、香油、食用油各适量。

做法

1. 鲜虾去壳，挑去虾线，洗净；鲜鱿鱼洗净，剞十字花刀；墨鱼洗净；甜豆洗净，择去头尾，入沸水锅焯熟；红辣椒洗净，切片。

2. 炒锅倒油烧热，放入虾肉、鲜鱿鱼、墨鱼，翻炒至熟，加入红辣椒片，甜豆、香油、蒜油、精盐，炒匀即可。

营养小典 鱿鱼中含有丰富的钙、磷、铁元素，对骨骼发育和造血十分有益，可预防贫血。

主料 鸡蛋3个（约180克），水发干贝150克。

调料 精盐、料酒、食用油各适量。

做法

1. 将鸡蛋磕入碗内，加少许精盐搅匀。

2. 锅置火上，加入水发干贝、料酒和适量水，煮至干贝熟，捞出凉凉，将干贝撕成丝，同汤一起放入蛋液内搅匀。

3. 锅内倒油烧至七成热，倒入蛋液炒熟即可。

干贝炒蛋

干贝应先放入水中泡发，然后反复冲洗去掉杂质和咸味。 **做法支招**

蛋烙生蚝

主料 鸡蛋3个（约180克），生蚝100克，胡萝卜、水发香菇各25克。

调料 葱末、精盐、味精、清汤、食用油各适量。

做法

1. 鸡蛋磕入碗中，加精盐、葱末、味精搅匀；生蚝去壳，洗净，放入蛋液中；水发香菇、胡萝卜均洗净，切碎，倒入蛋液中调匀。

2. 平底锅倒油烧热，倒入蛋液，中火煎至两面金黄，加入清汤略烧，出锅切块，装盘即成。

此餐补脑益智，补钙壮骨。 **营养小典**

姜葱炒蛤蜊

主料 蛤蜊400克，姜片、葱段各20克。

调料 精盐、味精、料酒、水淀粉、蚝油、香油、食用油各适量。

做法

1.蛤蜊用清水养1小时，待其吐净泥沙，洗净，入沸水锅氽水后捞出。

2.炒锅倒油烧热，放入姜片爆香，加入蛤蜊爆炒，放入葱段、精盐、味精、料酒、香油、蚝油调味，用水淀粉勾芡即可。

营养小典 此餐软坚利水，降脂明目。

肉末海参

主料 水发刺参200克，五花肉末50克。

调料 葱花、姜末、蒜末、生抽、白糖、淀粉、蚝油、食用油各适量。

做法

1.将发好的水发刺参洗净。

2.锅置火上，倒油烧热，放入五花肉末炒熟，加入葱花、姜末、蒜末翻炒片刻，再加入海参烧透，烹入生抽、蚝油，调入白糖，用淀粉勾芡，出锅即可。

营养小典 此餐可养血润燥。

主料 青木瓜100克，肋排300克。

调料 葱花、姜片、精盐各适量。

做法

青木瓜肋排汤

1. 肋排切小块，放入沸水锅汆去血水，捞出沥干；青木瓜去皮，切小块。

2. 锅中倒水烧开，放入肋排块、青木瓜块、姜片，大火烧开，转小火煮至肋排熟烂，加精盐调味，撒葱花即可。

木瓜酵素中含丰富的丰胸激素及维生素A等营养元素，能刺激卵巢分泌雌激素，使乳腺畅通。

营养小典

主料 猪蹄350克，豆腐60克。

调料 葱白、黄酒、精盐各适量。

做法

猪蹄煮豆腐

1. 猪蹄洗净，切开，放入沸水锅汆烫片刻，捞出沥水；豆腐切块。

2. 猪蹄与葱白、豆腐块同放砂锅内，加适量水，小火煮30分钟，倒入黄酒，加精盐调味即可。

猪蹄宜选用肉质有弹性、脂肪呈健康白色的。

选购支招

银黄炖乳鸽

主料 乳鸽1只（约500克），水发银耳150克，陈皮10克。

调料 精盐适量。

做法

1.乳鸽去毛和内脏，洗净。

2.锅中加入适量水，将乳鸽、水发银耳、陈皮同放入锅中，大火煮沸，转小火炖熟，加入精盐调味即可。

营养小典 此餐强心健脾，补虚扶正。

鲫鱼汤丸子

主料 五花肉末300克，木耳菜叶10克，鸡蛋清30克。

调料 葱花、姜末、精盐、味精、水淀粉、鲫鱼高汤各适量。

做法

1.五花肉末加精盐、味精、鸡蛋清、水淀粉、葱花、姜末拌匀，分次加入水做成馅料；木耳菜叶洗净，切段。

2.锅内加鲫鱼高汤烧开，将五花肉馅挤成丸子，放入锅中煮熟，加入木耳菜叶段煮软，加精盐、味精调味即可。

营养小典 此汤可清热解毒，利尿，防止便秘。

主料 鲤鱼1条（约1500克），圆白菜250克。

调料 葱花、姜丝、蒜片、精盐、味精、料酒、食用油各适量。

做法

1.鲤鱼去内脏，刮去鳞，洗净剁块；圆白菜洗净掰块。

2.净锅上火，倒油烧热，放入葱花、姜丝、蒜片炝香，加入鱼块烹炒，倒入适量水，加入圆白菜块，小火煲至鱼熟，调入料酒、精盐、味精即可。

圆白菜煲鲤鱼

此汤健脾开胃，促进消化。

营养小典

主料 鲤鱼1条（约1500克），番茄、黄豆芽、水发木耳各50克。

调料 葱姜丝、香菜段、番茄酱、精盐、味精、白糖、食用油各适量。

做法

1.鲤鱼洗净，切块；番茄洗净，剁碎；黄豆芽、水发木耳均洗净。

2.炒锅倒油烧热，放葱姜丝爆香，放入番茄泥、番茄酱炒香，加入适量水、黄豆芽、木耳，调入精盐、白糖、味精，放入鱼块，炖至鱼熟入味，撒香菜段即可。

酸汤鱼

此汤可美容养颜，增强食欲。

营养小典

牛蒡黑鱼汤

主料 黑鱼1条（约1500克），牛蒡150克，枸杞子10克。

调料 葱段、姜片、精盐、料酒、食用油各适量。

做法

1.黑鱼宰杀洗净，切块；牛蒡去皮，洗净切块，入沸水锅焯烫后沥干。

2.锅中倒油烧热，放入葱段、姜片爆香，加入鱼块翻炒片刻，倒入适量水，加入料酒、牛蒡块、枸杞子，大火烧沸，转中火烧20分钟，加入精盐调味即可。

营养小典 此汤美容养颜，润泽肌肤。

花生黑鱼汤

主料 黑鱼1条（约1500克），豌豆苗、花生各50克，红枣30克。

调料 葱花、姜片、精盐、料酒、胡椒粉、清汤、食用油各适量。

做法

1.黑鱼洗净，入沸水锅汆烫片刻，投凉沥水，去除鱼皮，在鱼身两侧斜剞2~3刀；豌豆苗洗净；红枣洗净。

2.炒锅倒油烧热，加入葱花、姜片爆香，放入黑鱼煎至两面嫩黄，加清汤、料酒、红枣、花生，大火烧至汤浓，加入豌豆苗，用精盐、胡椒粉调味即成。

营养小典 此汤可养颜润肤。

主料 黑鱼肉200克，小油菜心100克，鸡蛋清30克。

调料 葱末、姜末、精盐、味精、料酒、清汤、食用油各适量。

做法

1.黑鱼肉剁碎，加入葱末、姜末、料酒、味精、鸡蛋清、食用油、精盐，搅至上劲；小油菜心洗净。

2.汤锅里放入清汤烧热，把鱼肉挤成蚕茧状入锅，加入料酒、味精、精盐煮至鱼丸全都漂在汤面上，放入油菜心烧开，盛入汤碗即可。

茧儿羹

此羹可滋养身体，润泽肌肤。

营养小典

主料 豆腐300克，虾仁50克，枸杞子10克。

调料 香菜段、精盐、酱油、料酒、水淀粉、食用油各适量。

做法

1.豆腐洗净，切块；虾仁去虾线，洗净；枸杞子洗净；料酒、精盐、酱油和水淀粉放到碗中调成芡汁。

2.锅内倒油烧热，倒入虾仁大火炒熟，放入豆腐块、枸杞子，加适量水，大火烧开，转小火炖30分钟，倒入调好的芡汁，再大火煮2分钟，撒香菜段即可。

豆腐虾仁汤

此汤有助补钙壮骨，促进消化。

营养小典

豆腐炖蛤蜊

主料 蛤蜊200克，豆腐100克。

调料 精盐适量。

做法

1. 蛤蜊吐净泥沙，洗净；豆腐切块。

2. 净锅上火，倒入水，放入豆腐块、蛤蜊，烧沸后撇去浮沫，再烧至熟，加少许精盐调味即可。

营养小典 此汤可补钙健骨，缓解产后妈妈钙流失。

双耳牡蛎汤

主料 水发木耳、牡蛎各100克，水发银耳50克。

调料 葱姜汁、精盐、味精、料酒、醋、高汤各适量。

做法

1. 水发木耳、水发银耳均洗净，撕成小朵；牡蛎放入沸水锅中汆焯片刻，捞出。

2. 锅置火上，加入高汤烧开，放入木耳、银耳、料酒、葱姜汁煮15分钟，倒入牡蛎，加入精盐、醋煮熟，加味精调味即可。

做法支招 银耳要放入冷水中泡发，应去掉黄色根部。

主料🥄 番茄、鲜墨鱼各150克。

调料🧂 葱花、姜末、精盐、料酒、食用油各适量。

做法🍴

1. 鲜墨鱼洗净，去黑色筋膜，切块，入沸水中稍焯片刻，捞出沥水；番茄洗净，切薄片。

2. 锅置火上，倒油烧至六成热，下葱花、姜末爆香，倒入清水烧沸，加入番茄片、墨鱼块，调入精盐、料酒，小火煮20分钟即可。

番茄墨鱼汤

此汤可滋阴润燥，补血活血。 营养小典

海马羊肉煲

主料🥄 净羊肉300克，红枣50克，海马10克。

调料🧂 姜片、精盐、料酒各适量。

做法🍴

1. 净羊肉洗净，切块，入沸水锅焯透，捞出洗净；海马、红枣洗净。

2. 砂锅内放适量水、料酒、姜片、羊肉块、海马、红枣，旺火烧开后，撇去浮沫，改用小火炖约3小时，用精盐调味即成。

此汤可调气活血，补肾壮阳，尤宜产后体虚血少者。 营养小典

乌发豆粥

主料 黑豆、大米各50克，绿豆、红豆各25克。

调料 红糖适量。

做法

1.拣去各种豆中杂质，洗净，用水浸泡2小时；大米淘洗干净。

2.锅内倒入适量水，大火烧开，放入各类豆煮至开花，放入大米煮至米熟豆烂，放入红糖溶化即可。

营养小典 这道乌发豆粥开胃健脾，生发乌发，寒热搭配，不凉不燥，泻不伤脾胃，补不增淤滞，是一剂驻颜长寿的妙方。

高粱胡萝卜粥

主料 高粱米100克，胡萝卜50克。

调料 葱花、精盐各适量。

做法

1.高粱米洗净，泡发；胡萝卜洗净，切丁。

2.锅置火上，加入适量清水，放入高粱米煮至开花，加入胡萝卜丁煮至粥黏稠且冒气泡，调入精盐，撒上葱花即成。

做法支招 此粥也可不放盐和葱花。

主料 糯米100克，水发香菇50克，枸杞子、大枣各15克。

调料 精盐适量。

做法

1.糯米洗净，浸泡30分钟，捞出沥水；水发香菇洗净，切丝；枸杞子洗净；大枣洗净，去核，切片。

2.锅置火上，放入糯米、枸杞子、大枣片、香菇丝，倒入清水煮至米粒开花，转小火煮至粥浓稠，调入精盐拌匀即成。

香菇养生粥

香菇最好切成细丝，这样更容易煮熟。

做法+支招

南瓜木耳粥

主料 木耳、南瓜各50克，糯米100克。

调料 葱花、精盐各适量。

做法

1.糯米洗净，浸泡30分钟，捞出沥水；木耳泡发洗净，切丝；南瓜去皮洗净，切块。

2.锅置火上，倒入适量水，放入糯米、南瓜块，大火煮至米粒绽开，放入木耳丝，转小火煮至粥成，调入精盐搅匀，撒上葱花即成。

此粥可润肤美容，化痰下气。

营养+小典

南瓜山药粥

主料 南瓜、山药各50克，大米100克。

调料 精盐适量。

做法

1. 大米洗净，泡发1小时；山药、南瓜均去皮洗净，切块。

2. 锅置火上，倒入适量水，放入大米，大火煮沸，放入山药块、南瓜块煮至米粒绽开，转小火煮至粥成，调入精盐搅匀即成。

做法支招 烹饪时间可以久一点，这样营养会更丰富。

南瓜菠菜粥

主料 大米100克，南瓜、菠菜各50克，豌豆15克。

调料 精盐、味精各适量。

做法

1. 南瓜去皮洗净，切丁；豌豆洗净；菠菜洗净，切成小段；大米泡发洗净。

2. 锅置火上，倒入适量水，放入大米，大火煮至米粒绽开，放入南瓜丁、豌豆，转小火煮至粥浓稠，放入菠菜段再煮3分钟，调入精盐、味精搅匀入味即成。

做法支招 南瓜削皮食用味道会更好。

主料 大米150克，熟鸡肉50克。

调料 精盐、鸡汤、葱花各适量。

做法

1.将大米淘洗干净；熟鸡肉切碎。

2.锅中倒入鸡汤煮沸，放入大米煮至粥成，倒入熟鸡肉煮开，加精盐调味，撒葱花搅匀即可。

鸡肉粥

鸡肉滋补，富含蛋白质，且热量低，是降糖、降脂、瘦身的上佳食材。

营养小典

主料 大米200克，黑豆、豇豆、红小豆、绿豆、燕麦、薏苡仁、葡萄干各25克，熟芝麻15克。

调料 炼乳、白糖各适量。

做法

1.所有豆类与薏苡仁洗净，浸泡4小时，捞出沥干，入锅蒸至熟透，盛出。

2.大米淘净，放入电饭锅中煮至七成熟，加入燕麦、薏苡仁、葡萄干、炼乳，蒸至饭熟；熟芝麻加白糖拌匀。

3.取出米饭，团成饭团，滚上各色熟豆子，装盘，撒上芝麻糖即成。

豆米饭团

此道主食可安神醒脑，增进食欲。

营养小典

桂圆鸡蛋汤

主料 桂圆10克，鸡蛋1个（约60克）。

调料 红糖适量。

做法

1. 桂圆去壳，放入汤碗中，加温开水，调入适量红糖，再将鸡蛋打在桂圆上。
2. 将汤碗置锅内，隔水蒸15分钟，以鸡蛋熟为宜。

营养小典 此汤补血养血，润泽肌肤。

山楂橘子羹

主料 山楂糕250克，橘子100克。

调料 白糖、水淀粉各适量。

做法

1. 橘子剥掉外皮，去子，切块；山楂糕切碎。
2. 锅内加适量水烧开，加入山楂糕煮15分钟，加入橘子块和白糖，再次煮开，用水淀粉勾芡即可。

营养小典 此羹增强食欲，改善睡眠。